教科書ぴったりトレーニング

はなまるシール

☆ ふろく（　　　　　　　　　）う！
☆ はじめ（　　　　　　　　 んで、
　が（　　　　　　　　　）
☆ 学習が終わったら、がんばり表に
　「はなまるシール」をはろう！
☆ 余ったシールは自由に使ってね。

キミのおとも犬

元気いっぱい
お肉大好き！

つっこみ役
みんなの世話係

ちょっとこわがり
最年少

おっとり
読書好き

やさしくて物知り
みんなの先生

はなまるシール

すごい！ いいね！ 集中!! その調子！ できる！ ナイス！ むずかい… がんばろう！ もう1回!! よくできたね！

  国語  理科
英語 算数 社会

ごほうびシール

よくできました

教科書ぴったりトレーニング 算数 3年 がんばり表

いつも見えるところに、この「がんばり表」をはっておこう。
この「ぴたトレ」を学習したら、シールをはろう！
どこまでがんばったかわかるよ。

4. 時こくと時間
① 時こくや時間のもとめ方
② 短い時間

28〜29ページ ぴったり3
できたらシールをはろう

26〜27ページ ぴったり12
できたらシールをはろう

活用　読み取る力をのばそう

24〜25ページ
できたらシールをはろう

3. ぼうグラフと表
① 整理のしかた
② ぼうグラフ
③ 表やグラフのくふう

22〜23ページ ぴったり3
できたらシールをはろう

20〜21ページ ぴったり12
できたらシールをはろう

18〜19ページ ぴったり12
できたらシールをはろう

16〜17ページ ぴったり12
できたらシールをはろう

活用

14〜1
できたシーはろ

5. わり算
① 1人分は何こ
② 何人に分けられる
③ 0や1のわり算

30〜31ページ ぴったり12
できたらシールをはろう

32〜33ページ ぴったり12
できたらシールをはろう

34〜35ページ ぴったり3
できたらシールをはろう

6. あまりのあるわり算
① あまりのあるわり算
② あまりの考え方

36〜37ページ ぴったり12
できたらシールをはろう

38〜39ページ ぴったり3
できたらシールをはろう

★プログラミングにちょうせん！

40〜41ページ プログラミング
できたらシールをはろう

7. 円と球
① 円
② 球

42〜43ページ ぴったり12
できたらシールをはろう

44〜45ペー ぴったり
できたらシールをはろう

15. 重さの単位
① グラム
② はかり
③ トン
④ 単位のしくみ

88〜89ページ ぴったり12
できたらシールをはろう

86〜87ページ ぴったり12
できたらシールをはろう

14. 三角形と角
① いろいろな三角形
② 三角形のかき方
③ 三角形の角
④ 三角形のしきつめ

84〜85ページ ぴったり3
できたらシールをはろう

82〜83ページ ぴったり12
できたらシールをはろう

80〜81ページ ぴったり12
できたらシールをはろう

13. 分数
① 分数
② 分数の大きさ
③ 分数と小数
④ 分数の計算

78〜79ページ ぴったり3
できたらシールをはろう

76〜77ページ ぴったり12
できたらシールをはろう

74
ぴ

16. □を使った式
① たし算とひき算
② かけ算とわり算

90〜91ページ ぴったり3
できたらシールをはろう

92〜93ページ ぴったり12
できたらシールをはろう

94〜95ページ ぴったり12
できたらシールをはろう

96〜97ページ ぴったり3
できたらシールをはろう

17. 2けたの数をかける計算
① 何十をかける計算
② 2けたの数をかける計算
③ 計算のきまり
④ 計算のくふう

98〜99ページ ぴったり12
できたらシールをはろう

100〜101ページ ぴったり12
できたらシールをはろう

102〜103ページ ぴったり12
できたらシールをはろう

104〜105ページ ぴったり3
できたらシールをはろう

（キリトリ線）

おうちのがたへ

がんばり表のデジタル版「デジタルがんばり表」では、デジタル端末でも学習の進捗記録をつけることができます。1冊やり終えると、抽選でプレゼントが当たります。「ぴたサポシステム」にご登録いただき、「デジタルがんばり表」をお使いください。LINE または PC・ブラウザを利用する方法があります。

 LINE用 　 PC・ブラウザ用

★ ぴたサポシステムご利用ガイドはこちら ★
https://www.shinko-keirin.co.jp/shinko/news/pittari-support-system

---

暗算

…ページ

できたら
シールを
はろう

---

2. たし算とひき算の筆算
❶ たし算の筆算
❷ ひき算の筆算

12〜13ページ
ぴったり❸
できたら
シールを
はろう

10〜11ページ
ぴったり❶❷
できたら
シールを
はろう

8〜9ページ
ぴったり❶❷
できたら
シールを
はろう

---

1. かけ算
❶ かけ算のきまり
❷ 0のかけ算

6〜7ページ
ぴったり❸
できたら
シールを
はろう

4〜5ページ
ぴったり❶❷
できたら
シールを
はろう

2〜3ページ
ぴったり❶❷
できたら
シールを
はろう

スタート

---

8. かけ算の筆算
❶ 何十、何百のかけ算
❷ （2けた）×（1けた）の筆算
❸ （3けた）×（1けた）の筆算
❹ かけ算のきまり
❺ かけ算と言葉の式や図

46〜47ページ
ぴったり❶❷
できたら
シールを
はろう

48〜49ページ
ぴったり❶❷
できたら
シールを
はろう

50〜51ページ
ぴったり❶❷
できたら
シールを
はろう

52〜53ページ
ぴったり❸
できたら
シールを
はろう

---

9. 答えが2けたになるわり算
❶ 答えが2けたになるわり算

54〜55ページ
ぴったり❶❷
できたら
シールを
はろう

---

10. 10000より大きい数
❶ 大きな数の表し方
❷ 10倍した数や10でわった数
❸ 数の見方

56〜57ページ
ぴったり❶❷
できたら
シールを
はろう

58〜59ページ
ぴったり❶❷
できたら
シールを
はろう

---

12. 長さ
❶ 長さのはかり方
❷ キロメートル

〜75ページ
ぴったり❸

72〜73ページ
ぴったり❸
できたら
シールを
はろう

70〜71ページ
ぴったり❶❷
できたら
シールを
はろう

---

11. 小数
❶ 小数
❷ 小数のしくみ
❸ 小数の計算
❹ 数の見方

68〜69ページ
ぴったり❸
できたら
シールを
はろう

66〜67ページ
ぴったり❶❷
できたら
シールを
はろう

64〜65ページ
ぴったり❶❷
できたら
シールを
はろう

62〜63ページ
ぴったり❶❷
できたら
シールを
はろう

60〜61ページ
ぴったり❸
できたら
シールを
はろう

倍とかけ算、わり算
倍とかけ算、わり算

106〜107ページ
ぴったり❶❷
できたら
シールを
はろう

★そろばん

108〜109ページ
ぴったり❶❷
できたら
シールを
はろう

3年のふくしゅう

110〜112ページ
ぴったり❶❷
できたら
シールを
はろう

ゴール

さいごまで
がんばったキミは
「ごほうびシール」
をはろう！

数教科書ぴったりトレーニング 算数 3年 大日本図書版 折込み（ウラ）
（キリトリ線）

もくじ

算数3年
大日本図書版
新版　たのしい算数

教科書ぴったりトレーニング

▶3分でまとめ動画

巻末	夏のチャレンジテスト／冬のチャレンジテスト／春のチャレンジテスト／学力しんだんテスト	とりはずして
別冊	答えとてびき	お使いください

3分でまとめ

① かけ算

① かけ算のきまり

📖 教科書　16〜26 ページ　🔚 答え　1 ページ

✏️ 次の ◯ にあてはまる数を書きましょう。

◎ **ねらい** かけ算のきまりを知って、使えるようにしよう。 　　**練習 ①〜④⑦ →**

🐾 かけ算のきまり

★かける数が１ふえると、答えはかけられる数だけふえます。

また、かける数が１へると、答えはかけられる数だけへります。

$3×5=3×4+3$ 　　　　　　　　$3×5=3×6-3$
　↳ かけられる数 　　　　　　　　　↳ かけられる数
3×5 の答えは、3×4 の答えより 3 大きい。　　3×5 の答えは、3×6 の答えより 3 小さい。

★かけられる数とかける数を入れかえて計算しても、答えは同じになります。

$6×2=12$ 　　　　　　　　　$7×8=56$
$2×6=12$ 　　　　　　　　　$8×7=56$

★かけられる数やかける数を分けて計算しても、答えは同じになります。

$8×7$ ⎰$2×7=14$⎱ →56 　　　$8×7$ ⎰$8×2=16$⎱ →56
　　　 ⎱$6×7=42$⎰ 　　　　　　　　 ⎱$8×5=40$⎰
かけられる数の8を2と6に分ける。　　かける数の7を2と5に分ける。

1 ◻ にあてはまる数を書きましょう。

(1)　$5×4=5×3+$ ◻ 　　　　　　(2)　$4×3=$ ◻ $×4$

とき方 (1)　5×4 の答えは、5×3 の答えより 5 大き

いから、$5×4=5×3+$ ◻

(2)　かけられる数とかける数を入れかえて計算しても、

答えは同じになるから、$4×3=$ ◻ $×4$

かけ算には、いろいろなきまりがあるね。

◎ **ねらい** 10 のかけ算ができるようにしよう。 　　**練習 ⑤⑥ →**

🐾 10 のかけ算

$6×10=6×9+6$ で、答えは 60。

または、$6×10=10×6$ で、10 が 6 こ分と考えます。

2 2×10 を計算しましょう。

とき方 $2×10=2×9+$ ◻① 　と考えると、答えは ◻②　。

2

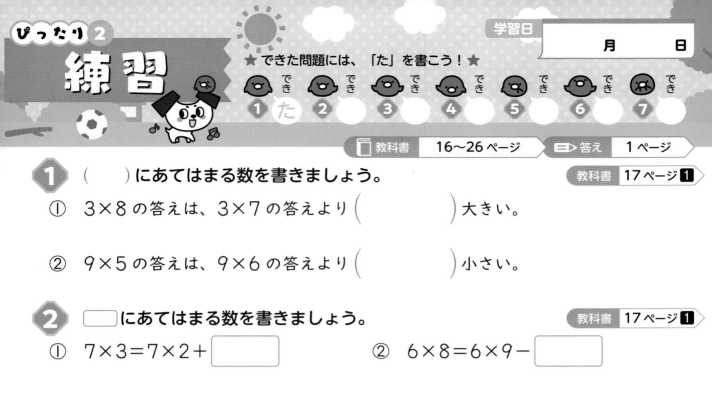

★ できた問題には、「た」を書こう！★
でき 1 た　でき 2　でき 3　でき 4　でき 5　でき 6　でき 7

学習日　　月　　日

教科書　16〜26 ページ　答え　1 ページ

1 （　　）にあてはまる数を書きましょう。　教科書 17 ページ **1**

① 3×8 の答えは、3×7 の答えより（　　　　　）大きい。

② 9×5 の答えは、9×6 の答えより（　　　　　）小さい。

2 □ にあてはまる数を書きましょう。　教科書 17 ページ **1**

① 7×3＝7×2＋□　　　② 6×8＝6×9−□

3 □ にあてはまる数を書きましょう。　教科書 17 ページ **1**

① 5×3＝3×□　　　② □×6＝6×4

！まちがい注意

4 □ にあてはまる数を書きましょう。　教科書 19 ページ **2**

$$8×6 \begin{cases} 3×6=□ \\ □×6=□ \end{cases} → □$$

5 計算をしましょう。　教科書 20 ページ **3**

① 3×10　　② 7×10　　③ 10×2　　④ 10×10

6 □ にあてはまる数を書いて、3×12 の答えをもとめましょう。

教科書 21 ページ **4**

$$3×12 \begin{cases} 3×□=30 \\ 3×□=□ \end{cases} → □$$

7 □ にあてはまる数を書きましょう。　教科書 26 ページ **5**

① 3×□＝24　　　② □×5＝35

○ヒント ④ かける数は同じだから、かけられる数を 2 つに分けていることがわかります。
かけられる数の 8 を 3 と何に分けたのかを考えましょう。

① かけ算
② 0のかけ算

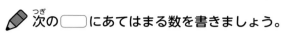

学習日		
	月	日

教科書 27〜28ページ 　答え 2ページ

✏ 次の◯にあてはまる数を書きましょう。

◎ねらい　0のかけ算ができるようにしよう。　　　練習 ①〜④ ➡

🐾 0のかけ算

かけられる数やかける数が 0 のときも、かけ算の式に表すことができます。

☆どんな数に 0 をかけても、答えは 0 になります。

4×0＝0　　6×0＝0

☆0 にどんな数をかけても、答えは 0 になります。

0×5＝0　　0×8＝0

1 おはじき入れをしたら、下のようになりました。とく点をもとめる式と、とく点を書きましょう。

とき方　4 点のところに入った数は、①◯こで、とく点は②◯点です。

0 点のところに入った数は、③◯こで、とく点は④◯点です。

おはじき入れのとく点

点数（点）	入った数（こ）	とく点をもとめる式	とく点（点）
6	3	6×3	18
4	0	4×0	0
2	5	2×5	10
0	2	0×2	0

4 点のところは
0 こだから、
とく点は0点だね。

2 計算をしましょう。

（1）7×0　　　　　　　　　　　　（2）0×4

とき方　（1）　どんな数に 0 をかけても、答えは、①◯になります。

だから、7×0＝②◯です。

（2）0 にどんな数をかけても、答えは ①◯になります。

だから、0×4＝②◯です。

★ できた問題には、「た」を書こう！ ★

でき ① でき ② でき ③ でき ④

学習日		
	月	日

教科書 27〜28 ページ ▭ 答え 2 ページ

1 （　　　）にあてはまる数を書きましょう。　教科書 27 ページ **1**

① どんな数に 0 をかけても、答えは（　　　　　　）になります。

② 0 にどんな数をかけても、答えは（　　　　　　）になります。

2 計算をしましょう。　教科書 27 ページ **1**

① 1×0　　　　　　　　　② 3×0

③ 8×0　　　　　　　　　④ 9×0

3 計算をしましょう。　教科書 27 ページ **1**

① 0×2　　　　　　　　　② 0×6

③ 0×9　　　　　　　　　④ 0×0

🔍 よくみて

4 おはじき入れをしました。　教科書 27 ページ **1**

① 6 点のところのとく点をもとめましょう。

式

答え（　　　　　　）

② 0 点のところのとく点をもとめましょう。

式

答え（　　　　　　）

おはじき入れのとく点

点数（点）	入った数（こ）
6	0
4	3
2	4
0	2

● ヒント　**4** ① 6 点のところは 0 こだから、6×0 の式でもとめられます。
　　　　　　　どんな数に 0 をかけても答えは 0 です。

5

① かけ算

| 教科書 | 16～30 ページ | 答え | 2 ページ |

知識・技能　　　　　　　　　　　　　　　　　　　　　　　／52点

1 けいたさんがおはじき入れをしたら、次の表のようになりました。

式・答え 1つ3点（12点）

点数（点）	入った数（こ）	とく点（点）
10	3	あ
8	2	16
5	1	5
0	4	い

① あ のとく点は何点ですか。

式

答え（　　　　　　　　）

② い のとく点は何点ですか。

式

答え（　　　　　　　　）

2 よく出る □ にあてはまる数を書きましょう。

1つ4点（28点）

① 9×7 の答えは、9×6 の答えより □ 大きい。

② 8×5 の答えは、8×6 の答えより □ 小さい。

③ $6 \times 4 = 6 \times 3 +$ □

④ $7 \times 3 = 7 \times$ □ $- 7$

⑤ $9 \times 2 = 2 \times$ □

⑥ $8 \times 4 =$ □ $\times 8$

⑦ $5 \times$ □ $= 30$

3 よく出る 計算をしましょう。　　　　　　　　　　1つ3点（12点）

① 8×10　　　　　　　　　　② 10×9

③ 6×0　　　　　　　　　　④ 0×5

思考・判断・表現　　　　　　　　　　　　　　　／48点

4 9×8の答えを、①、②の考え方でもとめます。□にあてはまる数を
書きましょう。　　　　　　　　　　　　　　　1つ3点（24点）

① かけられる数の9を4と5に分けて考える。

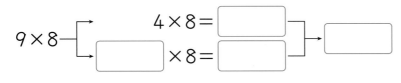 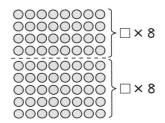

② かける数の8を2と6に分けて考える。

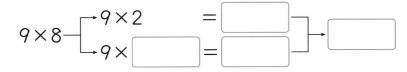 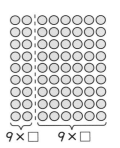

5 6×14の計算のしかたを考えます。□にあてはまる数を書きましょう。
　　　　　　　　　　　　　　　　　　　　　　1つ2点（24点）

① 6×14 ┌→6×□ ＝ □ ┐
　　　　└→6×4 ＝ □ ┘→ □

② 6×14 ＝ □ ×6

　＝ □ ＋ □ ＋ □ ＋ □ ＋ □ ＋ □

　＝ □

ふりかえり　②がわからないときは、2ページの1にもどってかくにんしてみよう。

ふろくの「計算せんもんドリル」1 もやってみよう！

ぴったり① じゅんび

3分でまとめ

② たし算とひき算の筆算

① たし算の筆算

学習日　月　日

教科書 32〜36 ページ　答え 3 ページ

✎ 次の □ にあてはまる数を書きましょう。

ねらい くり上がりが 1 回ある 3 けたのたし算ができるようにしよう。　練習 ①→

🐾 くり上がりが 1 回ある 3 けたのたし算の筆算のしかた

大きな数のたし算の筆算も、位をそろえて一の位からじゅんに計算します。

$$
\begin{array}{r} 245 \\ +483 \\ \hline \end{array}
\rightarrow
\begin{array}{r} 245 \\ +483 \\ \hline 8 \end{array}
\rightarrow
\begin{array}{r} 245 \\ +483 \\ \hline 28 \end{array}
\rightarrow
\begin{array}{r} 245 \\ +483 \\ \hline 728 \end{array}
$$

位をそろえる。

一の位の計算
5+3=8

十の位の計算
4+8=12
百の位に
1くり上げる。

百の位の計算
1+2+4=7

うすい字は
なぞって
考えよう。

1 347+238 を筆算で計算しましょう。

とき方 一の位→十の位→百の位 のじゅんに、たし算をします。

一の位の計算　7+8=①□　十の位に 1 くり上げる。

十の位の計算　1 くり上がるから、1+4+3=②□

百の位の計算　3+2=③□

$$
\begin{array}{r} 347 \\ +238 \\ \hline ④ \end{array}
$$

ねらい くり上がりが 2 回ある 3 けたのたし算ができるようにしよう。　練習 ②〜⑤→

🐾 くり上がりが 2 回ある 3 けたのたし算の筆算のしかた

$$
\begin{array}{r} 367 \\ +295 \\ \hline \end{array}
\rightarrow
\begin{array}{r} 367 \\ +295 \\ \hline 2 \end{array}
\rightarrow
\begin{array}{r} 367 \\ +295 \\ \hline 62 \end{array}
\rightarrow
\begin{array}{r} 367 \\ +295 \\ \hline 662 \end{array}
$$

位をそろえる。

一の位の計算
7+5=12
十の位に
1くり上げる。

十の位の計算
1+6+9=16
百の位に
1くり上げる。

百の位の計算
1+3+2=6

くり上がった1は
小さく書いておくと
いいよ。

2 587+356 を筆算で計算しましょう。

とき方 一の位の計算　7+6=①□　十の位に 1 くり上げる。

十の位の計算　1+8+5=②□　百の位に 1 くり上げる。

百の位の計算　1+5+3=③□

$$
\begin{array}{r} 587 \\ +356 \\ \hline ④ \end{array}
$$

1 計算をしましょう。

教科書 33 ページ **1**

① 172
　+542

② 726
　+135

③ 324
　+ 92

2 計算をしましょう。

教科書 35 ページ **2**、36 ページ **3**

① 575
　+267

② 476
　+159

③ 993
　+145

3 計算をしましょう。

教科書 36 ページ **4**

① 2745
　+ 431

② 6758
　+1673

> けた数が大きくなっても、位をそろえて一の位からじゅんに計算しよう。

！ まちがい注意

4 筆算で計算しましょう。

教科書 35 ページ **2**、36 ページ **3**

① 286+75

② 67+972

5 水ぞく館の入館者数は、きのうが379人、今日が392人でした。2日間の入館者数は何人ですか。

教科書 35 ページ **2**

式

答え（　　　　　　　）

ヒント ❺ きのうと今日の人数を合わせた数が、2 日間の人数になるから、たし算の式になります。

② たし算とひき算の筆算

② ひき算の筆算

教科書 37〜41 ページ ／ 答え 3 ページ

✏ 次の ▭ にあてはまる数を書きましょう。

◎ ねらい 3けたのひき算ができるようにしよう。 　練習 ① ③ ⑤→

🐾 3けたのひき算の筆算のしかた

大きな数のひき算の筆算も、位をそろえて一の位からじゅんに計算します。

```
  632          632          632          632
- 475    ➡  - 475    ➡  - 475    ➡  - 475
                    7          57         157
```

位をそろえる。

一の位の計算
十の位から
1くり下げて、
12−5=7

十の位の計算
百の位から
1くり下げて、
12−7=5

百の位の計算
5−4=1

1 527−349 を筆算で計算しましょう。

[とき方] 一の位→十の位→百の位 のじゅんに、ひき算をします。

一の位の計算　十の位から1くり下げて、17−9=①▭

十の位の計算　百の位から1くり下げて、11−4=②▭
　　　　　　　　　└→一の位へ1くり下げています。

百の位の計算　4−3=③▭
　　　　　　　└→十の位へ1くり下げています。

```
    5 2 7
  − 3 4 9
  ④
```

◎ ねらい 十の位からくり下げられないひき算ができるようにしよう。 　練習 ② ③ ④→

🐾 十の位からくり下げられないひき算の筆算のしかた

```
  605          605          605          605
- 278    ➡  - 278    ➡  - 278    ➡  - 278
                    7          27         327
```

位をそろえる。

一の位の計算
百の位から1くり下げる。
(百の位は5)
十の位から1くり下げて
(十の位は9)、15−8=7

十の位の計算
9−7=2

百の位の計算
5−2=3

2 702−436 を筆算で計算しましょう。

[とき方] 一の位の計算　12−6=①▭

十の位の計算　9−3=②▭

百の位の計算　6−4=③▭

```
    7 0 2
  − 4 3 6
  ④
```

1 計算をしましょう。

教科書　37 ページ **1**、39 ページ **2**

① 　　619
　　−345

② 　　427
　　−389

③ 　　517
　　−268

2 計算をしましょう。

教科書　40 ページ **3**

① 　　703
　　−254

② 　　800
　　−523

③ 　　200
　　−102

3 計算をしましょう。

教科書　41 ページ **4**

① 　　3856
　　−　92

② 　　4272
　　−2893

③ 　　6003
　　−1427

！まちがい注意

4 筆算で計算しましょう。

教科書　40 ページ **3**

①　200−15

②　603−79

5 みさきさんは、3216 円持っています。2537 円使うと、のこりは何円に
なりますか。

教科書　41 ページ **4**

式

答え（　　　　　　　）

●ヒント　**4**　①　筆算をするときは、位をそろえることが大切です。
右のようにならないように気をつけましょう。

　200
−　15

② たし算とひき算の
筆算

教科書 32〜43ページ　答え 4ページ

知識・技能 ／54点

1 よく出る 筆算（ひっさん）で計算しましょう。　1つ3点（27点）

① 541＋395　　② 367＋228　　③ 583＋268

④ 138＋473　　⑤ 3282＋2941　　⑥ 6148＋2852

⑦ 258＋71　　⑧ 89＋657　　⑨ 1865＋357

2 よく出る 筆算で計算しましょう。　1つ3点（27点）

① 437－286　　② 753－429　　③ 518－379

④ 500－408　　⑤ 2283－1192　　⑥ 3000－1857

⑦ 405－62　　⑧ 525－48　　⑨ 2004－298

思考・判断・表現　　　　　　　　　　　　　　　　　　　　　／46点

3 答えが正しければ○、まちがっていれば正しい答えを書きましょう。　1つ4点(12点)

①
```
  378
+ 217
─────
  585
```

②
```
  512
-  67
─────
  445
```

③
```
  4003
- 2789
──────
  2214
```

（　　　　　）　　　　　　　（　　　　　）　　　　　　　（　　　　　）

4 けんたさんは、385円のハンバーガーと168円のジュースを買いました。
合わせて何円はらいましたか。　　　　　　　　　　　　式・答え 1つ5点(10点)

式

答え（　　　　　　　　　　　）

5 ページ数が207ページある本を、38ページ読みました。
のこりは何ページですか。　　　　　　　　　　　　　　式・答え 1つ6点(12点)

式

答え（　　　　　　　　　　　）

できたらスゴイ!

6 □ の中にあてはまる数を書きましょう。　　　　　全部できて 1つ6点(12点)

①
```
    3 2 □
+   □ 4 3
─────────
  5 □ 2
```

②
```
    □ 0 0
-   4 1 □
─────────
    2 □ 3
```

ふろくの「計算せんもんドリル」 7〜16 もやってみよう!

 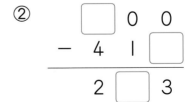

★ 暗算

教科書　44 ページ　　答え　5 ページ

1 48＋39 の暗算(あんざん)のしかたを考えます。

① ［1つ目のしかた］

48 を 40 と 8 に、39 を（　　　　　）と 9 に分けます。

40＋（　　　　　）＝（　　　　　）、8＋9＝17 なので、

答えは、（　　　　　）＋17＝（　　　　　）

十の位(くらい)の数と一の位の
数に分けると、計算
しやすくなるんだね。

② ［2つ目のしかた］

39 を（　　　　　）とみて、

48＋（　　　　　）＝88

（　　　　　）多くたしているから、答えは、（　　　　　）です。

2 93−47 の暗算のしかたを考えます。

① ［1つ目のしかた］

47 を（　　　　　）と 7 に分けます。

93−（　　　　　）＝（　　　　　）で、この数から 7 をひきます。

答えは、（　　　　　）です。

② ［2つ目のしかた］

47 を 50 とみて、93−（　　　　　）＝（　　　　　）、

（　　　　　）多くひいているから、答えは、（　　　　　）です。

3 暗算で計算しましょう。

① 46＋32　　② 17＋82　　③ 53＋24

④ 27＋33　　⑤ 76＋14　　⑥ 62＋28

⑦ 29＋27　　⑧ 37＋48　　⑨ 68＋15

4 暗算で計算しましょう。

① 79－23　　② 68－51　　③ 93－42

④ 90－32　　⑤ 60－27　　⑥ 40－25

⑦ 81－29　　⑧ 74－58　　⑨ 57－49

ふろくの「計算せんもんドリル」 17 〜 18 もやってみよう！

3 ぼうグラフと表

① 整理のしかた

学習日 　月　　日

教科書　46〜48ページ　　答え　5ページ

✎ 次の◯にあてはまる数を書きましょう。

◎ねらい　表をつくって、わかりやすく整理できるようにしよう。　　練習❶❷→

🐾 整理のしかた

① 「正」の字を使って
数を調べます。

すきなくだもの調べ

メロン	正下
いちご	正丁
りんご	正一
みかん	正
もも	一
かき	一

② 「正」の字を数字になおし
て、表に整理します。

すきなくだものの人数

しゅるい	人数(人)
メロン	8
いちご	7
りんご	6
みかん	4
その他	2
合計	27

数の少ないものは、まとめて「その他」とします。

「合計」は全体の人数です。

1 クラス全員のすきな動物を調べたら、下のようになりました。このことを表に整理しましょう。

すきな動物調べ

犬	正正
ねこ	正丁
うさぎ	正
ハムスター	下
パンダ	一
馬	一

すきな動物の人数

しゅるい	人数(人)
犬	10
ねこ	⑦
うさぎ	5
ハムスター	④
その他	⑨
合計	27

とき方　⑦にあてはまる数は、「正」の字で、「正丁」なので、①◯です。

④にあてはまる数は「正」の字で、「下」なので、②◯です。

⑨にあてはまる数は、パンダと馬を合わせた数なので、③◯です。

16

教科書 46〜48 ページ   答え 6 ページ

1 クラスで、すきな動物を1人1まいずつカードに書いて調べました。

教科書 47 ページ **1**

犬	うさぎ	ねこ	パンダ	犬	ハムスター
うさぎ	ねこ	犬	馬	犬	ねこ
ねこ	犬	ハムスター	ねこ	ハムスター	犬
犬	うさぎ	うさぎ	犬	ねこ	犬
ねこ	犬	うさぎ	ねこ	犬	馬

① 「正」の字を右の表に書いて、人数を
調べましょう。

すきな動物調べ

犬	
うさぎ	
ねこ	
パンダ	
ハムスター	
馬	

🔍 よくみて

② 「正」の字を数字になおして、右の表に
書きましょう。
表題も書きましょう。

「正」の字1つで
5人だから、
「正正」は
10人だよ。

㋐	
しゅるい	**人数（人）**
犬	㋑
ねこ	㋒
うさぎ	㋓
ハムスター	㋔
その他	㋕
合計	㋖

2 右の表は、りょうさんたちが1か月間に
読んだ本の数です。

教科書 47 ページ **1**

① 一番たくさん本を読んだ人はだれですか。

(   )

② 2番目にたくさん本を読んだ人はだれですか。

(   )

読んだ本の数

名前	本の数（さつ）
りょう	5
まどか	7
じゅん	3
けい	4
さくら	9
合計	28

👓 ヒント

1 ① 正の字を書いたカードはななめの線で消しておきましょう。
数えまちがいがへります。

ぴったり1 じゅんび

3 ぼうグラフと表

② **ぼうグラフ**

教科書 49～58 ページ 答え 6 ページ

次の ◯ にあてはまる数を書きましょう。

◎ねらい ぼうグラフを読み取ることができるようにしよう。 練習 ①→

🐾 **ぼうグラフ**

右のような、ぼうの長さで数の大きさを表した
グラフを、**ぼうグラフ**といいます。

右のぼうグラフのぼうの長さは、そのくだものを
すきな人の人数を表しています。

ぼうグラフの
1目もりの大きさに
気をつけよう。

ぼうグラフ
にも、表題を
書くんだね。

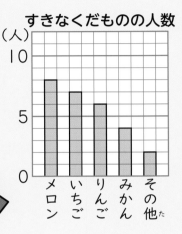

すきなくだものの人数

1 上のぼうグラフの、たてのじくの1目もりは ◯① 人を表しています。また、すきな人が一番多いのはメロンで、◯② 人です。

◎ねらい ぼうグラフに表せるようにしよう。 練習 ②→

🐾 **ぼうグラフのかき方**

1か月間にかりた本の数

名前	本の数（さつ）
りょう	5
まどか	7
じゅん	4
さくら	9
合計	25

1か月間にかりた本の数

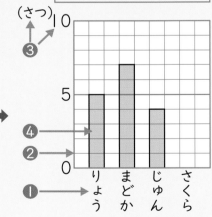

❶ 横のじくに名前を書く。

❷ 一番多い数を表すぼうがかける
ように、たてのじくの1目もりの
数を決める。

❸ 目もりの表す数と単位を書く。

❹ 数を表すぼうをかく。

❺ 表題を書く。

※数の多いじゅんにならべかえても
よい。

2 上のグラフに、さくらさんのかりた本の数を表すぼうをかきましょう。

とき方 上のぼうグラフの1目もりは ◯① さつを表しています。さくらさんの
かりた本の数は、◯② さつなので、9目もりまでぼうをかきます。

教科書 49〜58 ページ   答え 6 ページ

1 クラスで、すきなスポーツを調べて、右の
ようなぼうグラフに表しました。

教科書 49 ページ **1**、51 ページ **2**

① ぼうの長さは何を表していますか。

（   ）

② たてのじくの 1 目もりは何人を
表していますか。

（   ）

③ 一番多いのは、どのスポーツですか。

（   ）

🔍よくみて

④ テニスがすきな人は、何人ですか。

（   ）

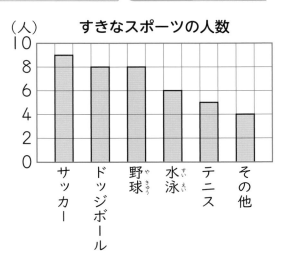

すきなスポーツの人数
（人）

2 右の表は、なおやさんが 1 週間に家で算数の勉強をした時間を表したものです。

教科書 52 ページ **3**、53 ページ **4**

① 勉強をした時間が一番長かったのは、
何曜日で何分ですか。

曜日 （   ）

時間 （   ）

算数の勉強をした時間

曜日	日	月	火	水	木	金	土
時間（分）	20	60	35	40	55	30	25

② 右に、ぼうグラフで表すとき、横のじく
の 1 目もりは何分になりますか。

（   ）

③ 上の表をぼうグラフに表しましょう。

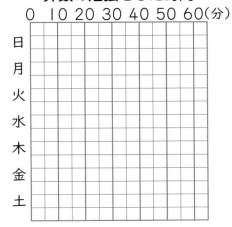

算数の勉強をした時間
0 10 20 30 40 50 60（分）

🐶ヒント   **1** ② たてのじくの目もりの数字に気をつけましょう。
このグラフでは、2、4、6、…と 2 つおきになっています。

③ ぼうグラフと表

③ 表やグラフのくふう

✎ 次の◯にあてはまることばや数を書きましょう。

🎯 ねらい　くふうして表をかくことができるようにしよう。　　練習 ①→

🐾 表のまとめ方　　下の3つの表をわかりやすくまとめると、右の表のようになります。

けがをした人数（4月）

場所	人数（人）
教室	1
ろう下	3
体育館	6
校庭	18
その他	4
合計	32

けがをした人数（5月）

場所	人数（人）
教室	5
ろう下	1
体育館	3
校庭	9
その他	2
合計	20

けがをした人数（6月）

場所	人数（人）
教室	4
ろう下	5
体育館	12
校庭	6
その他	3
合計	30

➡

4月から6月までにけがをした人数（人）

月＼場所	4月	5月	6月	合計
教室	1	5	4	10
ろう下	3	1	5	9
体育館	6	3	12	21
校庭	18	9	6	33
その他	4	2	3	9
合計	32	20	30	82

4月に校庭でけがをした人が18人いることを表しています。

🎯 ねらい　いろいろなぼうグラフに表すことができるようにしよう。　　練習 ②→

🐾 ぼうグラフの見方　　くふうしてグラフにすると、それぞれの合計や組ごとのちがいがわかりやすくなります。

3年生全体で、すきなスポーツを調べたよ。

3年生のすきなスポーツの人数　（人）

	サッカー	野球	ドッジボール	水泳	その他
1組	6	6	7	1	8
2組	7	9	6	3	2

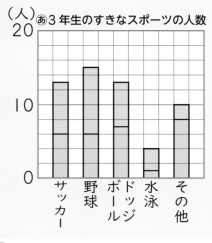

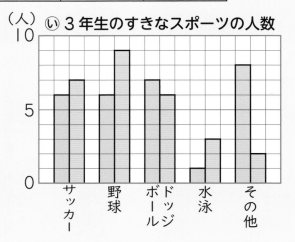

1 (1)　3年生全体で一番人気があるのは、◯◯◯です。

(2)　サッカーは、◯◯◯組のほうが人気があります。

教科書　59〜60ページ　答え　7ページ

1　下の表は、こはるさんの学校の3年生が先週図書館からかりた本のしゅるいを、組べつに表したものです。

表を使って、3年生全体で多くかりた本を調べましょう。

教科書 59ページ **1**

1組のかりた本の数

しゅるい	数（さつ）
物語	5
でん記	2
科学	3
その他	4
合　計	14

2組のかりた本の数

しゅるい	数（さつ）
物語	7
でん記	5
科学	1
その他	5
合　計	18

3組のかりた本の数

しゅるい	数（さつ）
物語	6
でん記	4
科学	2
その他	3
合　計	15

① 右の表をかんせいさせましょう。

② 3年生全体で、一番多くかりた本はどのしゅるいの本ですか。

（　　　　　　　　　）

3年生のかりた本の数　（さつ）

しゅるい　＼　組	1組	2組	3組	合　計
物語	5	7	6	18
でん記	2	5		
科学				
その他				
合　計	14			

2　**1**の表を、ぼうグラフに表します。

教科書 60ページ **2**

① 下のあのグラフにはしゅるいごと、いのグラフには組べつにまとめたぼうグラフがかいてあります。グラフをかんせいさせましょう。

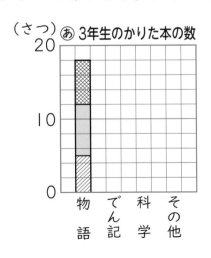

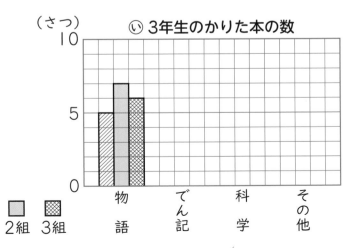

② 一番多く物語をかりたのは、何組ですか。

（　　　　　　　　　）

ヒント　**2**　① あといで、1目もりの表す大きさがちがうことに注意しよう。

③ ぼうグラフと表

知識・技能 ／35点

1 **よく出る** 右のぼうグラフは、野球チームに入っているこうきさんたちが打ったホームランの数を表しています。

1つ5点(20点)

① グラフのたてのじくの１目もりは、何本を表していますか。

（　　　　　　　　）

② けいたさんが打ったホームランは８本です。右のグラフに表しましょう。

③ ホームランを一番多く打ったのは、だれですか。また、何本打ちましたか。

名前（　　　　　　　）本数（　　　　　　　）

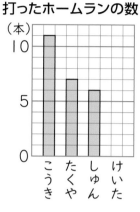

打ったホームランの数

2 ゆりなさんの組では、どの町に住んでいるかを、１人が１まいずつカードに書いて調べました。

全部できて 1つ5点(15点)

南町	東町	西町	南町	北町	南町	南町
西町	北町	西町	東町	北町	東町	東町
北町	東町	東町	南町	南町	南町	北町
南町	南町	北町	南町	南町	北町	東町
北町	西町	南町	西町	東町	西町	東町

① 「正」の字を右の表のあ～えに書いて、住んでいる人の数を調べましょう。

② 「正」の字を数字になおして、右の表の⑦～⑦に書きましょう。

③ ぼうグラフに表しましょう。

町べつの人数

東町	あ
西町	い
南町	う
北町	え

町べつの人数

町	人数（人）
東町	⑦
西町	⑦
南町	⑦
北町	⑦
合計	⑦

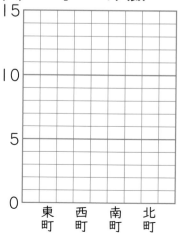

町べつの人数

思考・判断・表現　　　　　　　　　　　　　　　　　　　　　　／65点

3 ある町のやおやで売っているやさいのねだんを調べて、下のようなぼうグラフに
表しました。　　　　　　　　　　　　　　　　　　　　　　　　1つ5点（20点）

やさいのねだん

① にんじんのねだんは、いくらですか。　　　　　　　　（　　　　　　　）

② 100円より高いやさいはどれとどれですか。

できたらスゴイ！　　　　　　　　　　　　　　（　　　　　　　）と（　　　　　　　）

③ 一番高いやさいと一番安いやさいでは、ねだんはいくらちがいますか。

（　　　　　　　）

4 **よく出る** 右の表は、3年生が
すきなくだものを1人1つずつえら
んで、組べつにまとめたものです。
　この3つの表を、下のような1つ
の表にまとめました。　1つ5点（45点）

① 表のア〜オのらんにあてはまる
　数を書きましょう。

　ア（　　　　）　イ（　　　　）

　ウ（　　　　）　エ（　　　　）

　オ（　　　　）

② 表のア、イに入る数はそれぞれ何
　を表していますか。

　　ア（　　　　　　　　　　　　）

　　イ（　　　　　　　　　　　　）

1組のすきな
くだものの人数

しゅるい	人数(人)
バナナ	9
りんご	10
いちご	6
メロン	5
みかん	3
その他	2
合計	35

2組のすきな
くだものの人数

しゅるい	人数(人)
バナナ	12
りんご	8
いちご	5
メロン	2
みかん	4
その他	3
合計	34

3組のすきな
くだものの人数

しゅるい	人数(人)
バナナ	8
りんご	12
いちご	5
メロン	3
みかん	3
その他	4
合計	35

3年生全体のすきなくだものの人数　（人）

しゅるい ＼ 組	1組	2組	3組	合計
バナナ	9	12	8	29
りんご	10	ア	12	ウ
いちご	6	5	5	16
メロン	5	2	3	エ
みかん	3	4	イ	10
その他	2	3	4	9
合計	35	34	35	オ

③ 3年生全体で一番人気があるくだものは何ですか。また、2番目に人気がある
　くだものは何ですか。

　　　　　　一番人気があるくだもの　（　　　　　　　）

　　　　2番目に人気があるくだもの　（　　　　　　　）

ふりかえり ❶がわからないときは、18ページの **1** **2** にもどってかくにんしてみよう。

活用 表とグラフを組み合わせて考えよう

| 教科書 | 64 ページ | 答え | 8 ページ |

みなみさんは、3年生全員に下の中からすきな乗り物を1つずつ書いてもらい、表やグラフに整理しています。

| 電車 | バス | 船 | ひこうき | バイク |

すきな乗り物の人数　（人）

	1組	2組	3組	合計
電車	10	7	9	26
バス	5		6	
船	6	4		17
ひこうき	4	5	3	12
バイク	5	4	3	12
合計				

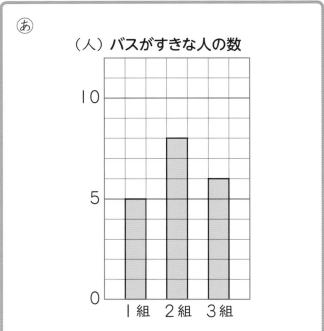

あ （人）バスがすきな人の数

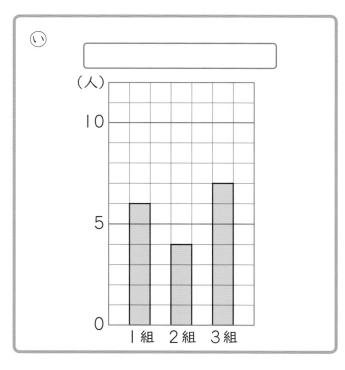

い （人）

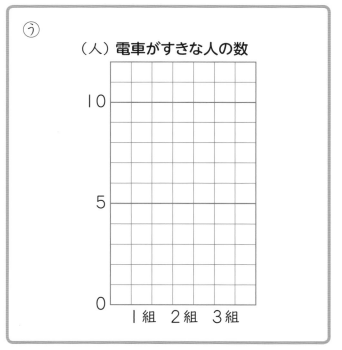

う （人）電車がすきな人の数

24

1 左のページの表やグラフを見て、問題に答えましょう。

① 左のページの表のあいているらんにあてはまる数を書きましょう。

② ⓘのグラフは、どの乗り物がすきな人の数を表したものですか。ⓘのグラフの表題を書きましょう。

(　　　　　　　　　　　　　　　　　　　)

③ 電車がすきな人の数を表すぼうグラフを、ⓤにかきましょう。

📖 よくよんで

④ みなみさんたちは、表やぼうグラフを見て、次のようにいっています。
正しいことをいっている人に○を、正しくないことをいっている人に×を(　　)の中に書きましょう。

みなみ

3年生が一番すきな乗り物はバスだね。　　(　　　　)

けん

2組の人数が一番多いね。　　(　　　　)

まゆ

どの組でも、一番人気があるのは、電車だね。　　(　　　　)

こうた

船がすきな人は3組が一番多いね。　　(　　　　)

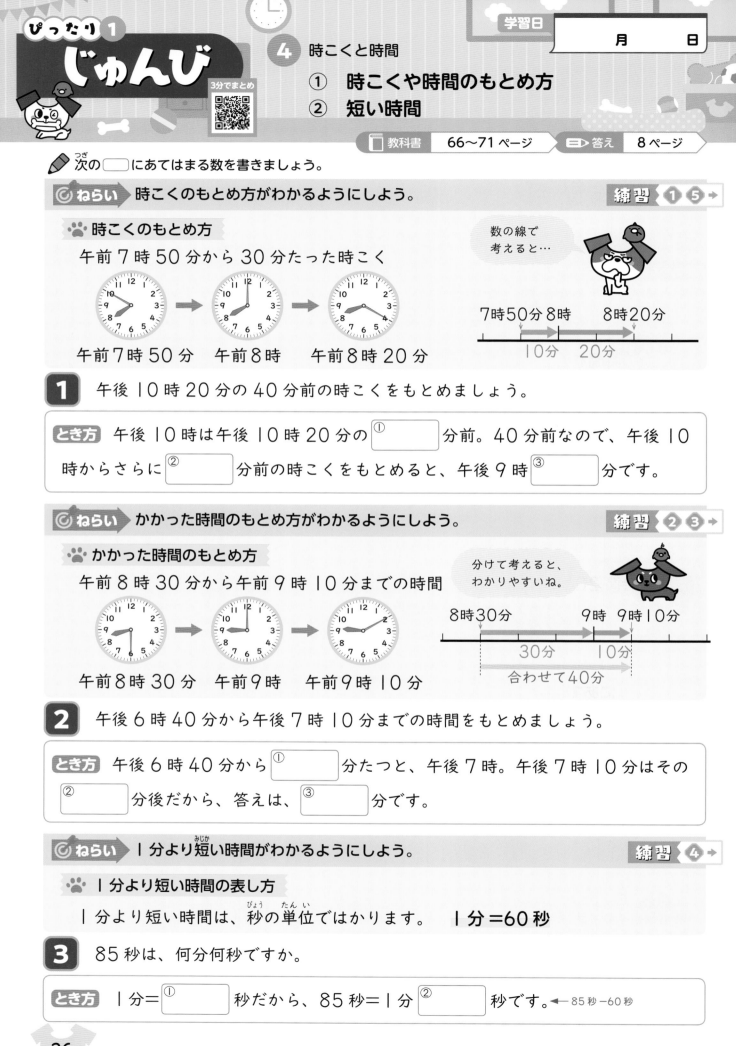

ぴったり ①

じゅんび

3分でまとめ

④ 時こくと時間

① 時こくや時間のもとめ方
② 短い時間

教科書 66〜71 ページ　答え 8 ページ

次の　□　にあてはまる数を書きましょう。

ねらい 時こくのもとめ方がわかるようにしよう。

練習 ❶ ❺ →

時こくのもとめ方

午前 7 時 50 分から 30 分たった時こく

午前 7 時 50 分　　午前 8 時　　午前 8 時 20 分

数の線で
考えると…

7時50分 8時　　 8時20分

10分　　20分

1 午後 10 時 20 分の 40 分前の時こくをもとめましょう。

とき方 午後 10 時は午後 10 時 20 分の □① 分前。40 分前なので、午後 10 時からさらに □② 分前の時こくをもとめると、午後 9 時 □③ 分です。

ねらい かかった時間のもとめ方がわかるようにしよう。

練習 ❷ ❸ →

かかった時間のもとめ方

午前 8 時 30 分から午前 9 時 10 分までの時間

午前 8 時 30 分　　午前 9 時　　午前 9 時 10 分

分けて考えると、
わかりやすいね。

8時30分　　　　 9時 9時10分

30分　　10分

合わせて40分

2 午後 6 時 40 分から午後 7 時 10 分までの時間をもとめましょう。

とき方 午後 6 時 40 分から □① 分たつと、午後 7 時。午後 7 時 10 分はその □② 分後だから、答えは、□③ 分です。

ねらい 1 分より短い時間がわかるようにしよう。

練習 ❹ →

1 分より短い時間の表し方

1 分より短い時間は、秒の単位ではかります。　1 分＝60 秒

3 85 秒は、何分何秒ですか。

とき方 1 分＝ □① 秒だから、85 秒＝1 分 □② 秒です。 ← 85 秒 −60 秒

26

ぴったり 2
練習
★ できた問題には、「た」を書こう！★
でき ① でき ② でき ③ でき ④ でき ⑤

学習日　　　　月　　　日

教科書 66〜71ページ　答え 8ページ

1 次の時こくをもとめましょう。　教科書 67ページ **1**

① 午後5時50分から30分たった時こく

（　　　　　　　　　　　）

② 午前11時20分の50分前の時こく

（　　　　　　　　　　　）

2 次の時間をもとめましょう。　教科書 69ページ **2**、70ページ **3**

① 午後2時30分から午後3時15分までの時間

（　　　　　　　　　　　）

② 20分と50分を合わせた時間

（　　　　　　　　　　　）

！まちがい注意

3 1時間20分は、30分より何分長いですか。　教科書 70ページ **3**

（　　　　　　　　　　　）

4 ☐ にあてはまる数を書きましょう。　教科書 71ページ **1**

① 2分＝☐秒　　　② 95秒＝☐分☐秒

🔍よくみて

5 **活用** れいのように計算しましょう。　教科書 68ページ

（れい）午前10時50分から 40分たった時こく
10時50分
＋　　　　　40
10　90
11　30

午前8時45分から30分たった時こく

◎ヒント **2** ① 午後2時30分から午後3時までと、午後3時から午後3時15分までに分けて考えましょう。

27

ぴったり 3
たしかめのテスト

④ 時こくと時間

時間 30 分

／100

ごうかく 80 点

教科書 66～73 ページ　答え 9 ページ

知識・技能　／80点

1 （　　）にあてはまる単位を書きましょう。　1つ5点(25点)

① 家から学校まで行くのにかかる時間　10（　　　　）

② 50 m を走るのにかかった時間　11（　　　　）

③ 夜、ねていた時間　9（　　　　）

④ 朝ごはんを食べている時間　20（　　　　）

⑤ くつをはくのにかかった時間　18（　　　　）

2 よく出る □ にあてはまる数を書きましょう。　1つ5点(25点)

① 1分＝ □ 秒

② 70 秒＝ □ 分 □ 秒

③ 100 秒＝ □ 分 □ 秒

④ 1分15秒＝ □ 秒

⑤ 2分10秒＝ □ 秒

3 よく出る 次の時こくや時間をもとめましょう。　1つ5点(25点)

① 午前8時40分から50分たった時こく

（　　　　　　　　　　）

② 午前10時50分から30分たった時こく

（　　　　　　　　　　）

③ 午後6時30分の40分前の時こく

（　　　　　　　　　　）

④ 午後4時40分から午後5時20分までの時間

（　　　　　　　　　　）

⑤ 1時間40分と50分の時間の長さのちがい

（　　　　　　　　　　）

4 1時間30分と40分を合わせると、何時間何分ですか。 (5点)

( )

思考・判断・表現 / 20点

5 よしきさんたちは、遠足で動物園に行きました。 1つ5点(20点)

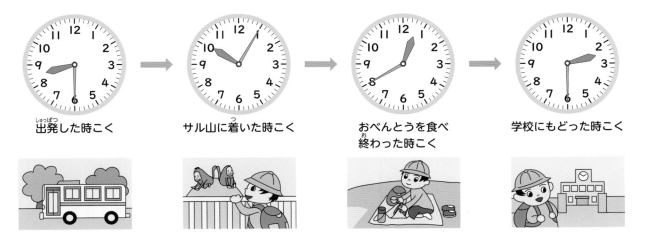

出発した時こく　　　サル山に着いた時こく　　　おべんとうを食べ　　　学校にもどった時こく
　　　　　　　　　　　　　　　　　　　　　　　終わった時こく

① 動物園に着いた時こくは、午前9時10分です。出発してから、動物園に着くまでの時間をもとめましょう。

( )

② よしきさんは、サル山を15分見学しました。サル山の見学が終わった時こくをもとめましょう。

( )

③ おべんとうを食べ始めたのは午前11時55分です。おべんとうを食べるのにかかった時間をもとめましょう。

( )

できたらスゴイ!

④ 学校を出発してから、学校にもどるまでの時間をもとめましょう。

( )

 ①がわからないときは、26ページの**3**にもどってかくにんしてみよう。

⑤ わり算

① 1人分は何こ

教科書　74〜78ページ　　答え　9ページ

✏️ 次の◯にあてはまる数を書きましょう。

◎ねらい　わり算の式が書けるようにしよう。　　練習 ① ② →

🐾 1人分の数をもとめる計算

★何人かで同じ数ずつや同じ長さに分ける計算では、**わり算**を使います。

★わり算の式は、9÷3＝3 のように、÷ の記号で表します。
→「9 わる 3 は 3」と読みます。

12このあめを、4人で同じ数ずつ分けると、
1人分は3こになります。

12 ÷ 4 ＝ 3
全部の数　人数　1人分の数

● → • ❷　❶❷❸
÷ •　のじゅんに
• ❸　書こう。

1 6このりんごを、3人で同じ数ずつ分けると、1人分は2こになります。このことを式で書きましょう。

とき方 全部の数が6、人数が3、1人分の数が2になります。

① ◯ ÷ ② ◯ ＝ ③ ◯
全部の数　何人分　1人分の数

◎ねらい　1人分の数を、九九を使ってもとめられるようにしよう。　　練習 ③ ④ →

24 ÷ 8 の答えは、8のだんの九九でもとめられます。

2 28このあめを、7人で同じ数ずつ分けると、1人分は何こになりますか。

とき方 式は次のようなわり算で書きます。

1人分の数 × 何人分 ＝ 全部の数 だね。

① ◯ ÷ ② ◯

答えは□×7＝28の□にあてはまる数だから、③ ◯ のだんの九九でもとめられます。

式 ④ ◯ ÷ ⑤ ◯ ＝4

1人分が

1人分
の数　何人分　全部
の数

1このとき…1×7＝7
2このとき…2×7＝14
3このとき…3×7＝21
4このとき…4×7＝28

答え　4こ

ぴったり 2
練 習

★ できた問題には、「た」を書こう！★
でき 1　でき 2　でき 3　でき 4

学習日　　　　　月　　　日

教科書　74〜78 ページ　　答え　10 ページ

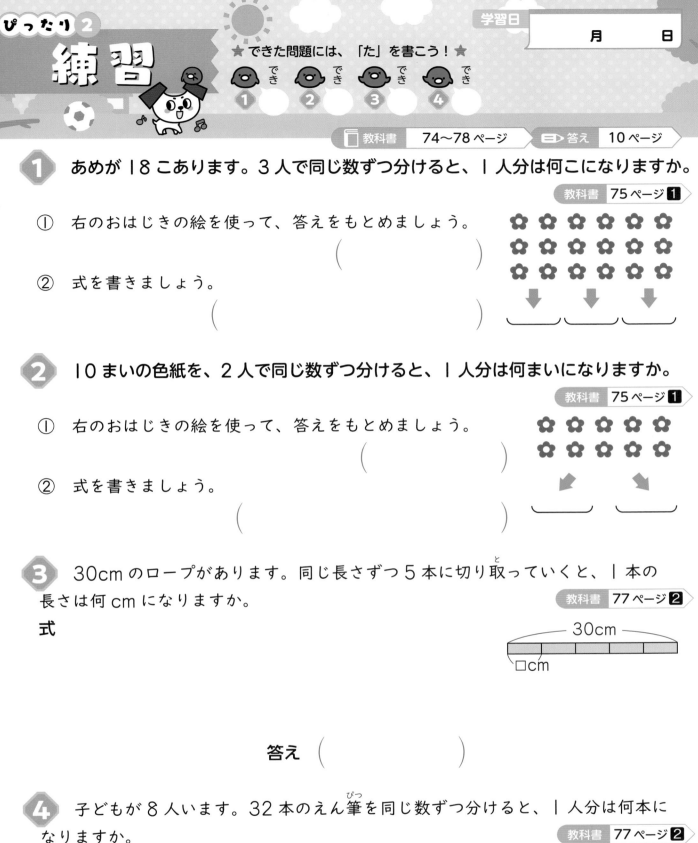

1 あめが 18 こあります。3 人で同じ数ずつ分けると、1 人分は何こになりますか。

教科書　75 ページ 1

①　右のおはじきの絵を使って、答えをもとめましょう。

（　　　　　　　　　　）

②　式を書きましょう。

（　　　　　　　　　　）

2 10 まいの色紙を、2 人で同じ数ずつ分けると、1 人分は何まいになりますか。

教科書　75 ページ 1

①　右のおはじきの絵を使って、答えをもとめましょう。

（　　　　　　　　　　）

②　式を書きましょう。

（　　　　　　　　　　）

3 30cm のロープがあります。同じ長さずつ 5 本に切り取っていくと、1 本の長さは何 cm になりますか。

教科書　77 ページ 2

式

30cm
□cm

答え（　　　　　　　　　　）

4 子どもが 8 人います。32 本のえん筆を同じ数ずつ分けると、1 人分は何本になりますか。

教科書　77 ページ 2

式

何のだんの
九九を使う
のかな？

答え（　　　　　　　　　　）

ヒント　**3** 「5 人で同じ長さずつ分けると、1 人分は何 cm になりますか。」と同じです。
答えは 5 のだんの九九で見つけられます。

31

ぴったり **1**
じゅんび

5 わり算
② 何人に分けられる
③ ０や１のわり算

学習日　　月　　日

📖 教科書　79〜84 ページ　📝 答え　10 ページ

✏️ 次の □ にあてはまる数を書きましょう。

ねらい 何人に分けられるかをもとめる式が書けるようにしよう。　練習 ① ② →

🐾 **同じ数ずつ分ける計算**

いくつかのものを同じ数ずつに分ける計算では、**わり算**を使います。

☆ 9 このみかんを、１人に 3 こずつ分けると、何人に分けられますか。

3 のだんの九九を使って、答えをもとめよう。

$$9 \div 3 = 3 \qquad 答え　3 人$$

全部の数（わられる数）　１人分の数（わる数）　人数

9÷3 のわり算で、9 を**わられる数**、3 を**わる数**といいます。

1 20 このりんごを、１人に 5 こずつ分けると、何人に分けられますか。

とき方 式は、① □ ÷ ② □ となります。

20÷5 の答えは、5×□＝20 の□にあてはまる数なので、③ □ のだんの九九を使って見つけます。

5×④ □ ＝20 なので、答えは、⑤ □ 人です。

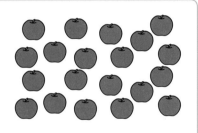

ねらい ０や１のわり算ができるようにしよう。　練習 ③ ④ →

🐾 **０や１のわり算**

☆わられる数とわる数が同じ数のとき、答えはいつも１になります。

3÷3＝1　　　　5÷5＝1　　　　8÷8＝1

☆０を、０でないどんな数でわっても、答えは０になります。

0÷1＝0　　　　0÷5＝0　　　　0÷8＝0

☆わる数が１のとき、答えはわられる数と同じになります。

1÷1＝1　　　　5÷1＝5　　　　20÷1＝20

2 次の計算をしましょう。

(1) 6÷6　　　(2) 0÷9　　　(3) 4÷1

とき方 (1) 6÷6＝ □ 　　(2) 0÷9＝ □ 　　(3) 4÷1＝ □

ぴったり 2
練習

★ できた問題には、「た」を書こう！★

でき ① でき ② でき ③ でき ④

学習日
月　　日

教科書 79〜84 ページ　答え 10 ページ

1 計算をしましょう。　　　　　　　　　　教科書 81 ページ **2**

① 21÷7

② 64÷8

③ 36÷6

④ 14÷2

2 24 本の花を、1 人に 3 本ずつ分けると、何人に
分けられますか。　　教科書 81 ページ **2**
式

答え（　　　　　　　　　）

3 ふくろに入っているみかんを、4 人で同じ数ずつ分けます。次の数のとき、
1 人分は何こになりますか。式を書いてもとめましょう。　教科書 84 ページ **1**

① ふくろの中の数が 4 このとき

式　□÷4=□　　答え（　　　　　　）

みかんが 0 このときも
わり算の式でもとめ
られるんだね。

② ふくろの中の数が 0 このとき

式　□÷4=□　　答え（　　　　　　）

！まちがい注意

4 計算をしましょう。　　　　　　　　　　　教科書 84 ページ **1**

① 5÷5　　② 0÷2　　③ 0÷7　　④ 3÷1

⑤ わり算

教科書 74～86 ページ　答え 10 ページ

知識・技能　／60点

1 次のわり算の答えは、何のだんの九九を使ってもとめればよいですか。

1つ5点(10点)

① 14÷7　　　　　　　　　　　　（　　　　のだん）

② 64÷8　　　　　　　　　　　　（　　　　のだん）

2 よく出る 計算をしましょう。

1つ5点(50点)

① 16÷2　　　　　　② 21÷7

③ 36÷9　　　　　　④ 35÷7

⑤ 24÷6　　　　　　⑥ 20÷4

⑦ 7÷7　　　　　　⑧ 9÷9

⑨ 0÷4　　　　　　⑩ 6÷1

思考・判断・表現

／40点

3 よく出る **キャラメルが 54 こあります。**　　式・答え 1つ5点(20点)

① 6人で同じ数ずつ分けると、1人分は何こになりますか。

式

答え （　　　　　　　　　　　）

② 1人に9こずつ分けると、何人に分けられますか。

式

答え （　　　　　　　　　　　）

4 16 m のテープを、4 m ずつ切り取っていくと、何本切り取れますか。

式・答え 1つ5点(10点)

式

答え （　　　　　　　　　　　）

5 いちごが 12 こあります。
12÷3になる問題を 2 つつくりましょう。

1つ5点(10点)

ふりかえり 🐼 ①がわからないときは、30 ページの ②にもどってかくにんしてみよう。

ふろくの「計算せんもんドリル」 ②〜⑤ もやってみよう！

35

ぴったり① じゅんび

3分でまとめ

6 あまりのあるわり算
① あまりのあるわり算
② あまりの考え方

学習日 月 日

教科書 88〜97ページ 答え 11ページ

✏ 次の ☐ にあてはまる数を書きましょう。

◎ねらい あまりのあるわり算ができるようにしよう。　練習 ① ② ③ →

🐾 あまりのあるわり算のしかた

17このあめを1人に5こずつ分けます。何人に分けられますか。

式　17÷5　← 5のだんの九九を使って、答えを見つけます。

1人分　5×1　→　12こあまる。
2人分　5×2　→　7こあまる。
3人分　5×3　→　2こあまる。　→　17このあめを、1人に5こずつ
4人分　5×4　→　3こたりない。　　分けると、3人に分けられて、
　　　　　　　　　　　　　　　　　　2こあまります。

17÷5＝3あまり2

あまりは、いつもわる数より小さくなるようにします。

1 20÷6を計算しましょう。

あまりがあるときは、
「わりきれない」、
あまりがないときは、
「わりきれる」
というよ。

とき方　6のだんの九九を使って考えます。

6×1＝☐①　　、6×2＝☐②　　、6×3＝☐③　　、
6×4を計算すると24で、20より大きくなってしまいます。
だから、20÷6＝☐④　　あまり☐⑤

◎ねらい あまりに気をつけるわり算の問題がとけるようにしよう。　練習 ④ →

🐾 あまりのあるわり算の問題

「8人ずついすにすわります。50人がすわるには、いすは何台いりますか。」と
いう問題のとき方を考えます。

式は50÷8で、答えは6あまり2です。

ここで、いすの数を「6台」と考えてしまうと、2人がすわれません。

この2人がすわるためのいすがもう1台いります。

2 えん筆が23本あります。1箱に6本ずつ入れていくと、全部を入れるには
何箱いりますか。

とき方　23÷6＝3あまり☐①　　　答えが3箱では、5本あまってしまいます。
だから、3＋1＝☐②　　で、答えは☐③　　箱です。

1 計算をしましょう。　　　　教科書 92ページ 3

① 22÷7　　② 60÷8　　③ 55÷7

④ 38÷6　　⑤ 34÷4　　⑥ 45÷8

2 いちごが40こあります。1人に6こずつ分けると、何人に分けられて、何こあまりますか。教科書 89ページ 1
式

答え（　　　　　　　　　　　）

3 35dLのジュースを8人で同じかさずつ分けると、1人分は何dLになって、何dLあまりますか。教科書 92ページ 3
式

答え（　　　　　　　　　　　）

！まちがい注意
4 34人の子どもが、1台の長いすに5人ずつすわっていきます。全員がすわるには、長いすは何台あればよいでしょうか。教科書 95ページ 1
式

答え（　　　　　）

ヒント 4 あまりがでたら、全員がすわれるようにもう1台長いすがひつようです。

⑥ あまりのあるわり算

教科書 88〜99 ページ　　答え 11 ページ

知識・技能 ／80点

① わりきれるものには〇を、わりきれないものには×を（　　　）に書きましょう。

1つ5点（20点）

① 48÷6 （　　　　　）　　　　② 58÷8 （　　　　　）

③ 62÷7 （　　　　　）　　　　④ 73÷9 （　　　　　）

② 次の計算で、答えが正しいものには〇を、まちがっているものには正しい答えを（　　）に書きましょう。

1つ5点（20点）

① 36÷4＝8あまり4　　　　　　　　　　　（　　　　　　　　　　　）

② 29÷9＝3あまり1　　　　　　　　　　　（　　　　　　　　　　　）

③ 57÷8＝6あまり9　　　　　　　　　　　（　　　　　　　　　　　）

④ 47÷6＝7あまり5　　　　　　　　　　　（　　　　　　　　　　　）

③ よく出る 計算をしましょう。

1つ5点（40点）

① 19÷3　　　　　　　② 58÷7

③ 30÷4　　　　　　　④ 27÷8

⑤ 69÷9　　　　　　　⑥ 43÷7

⑦ 29÷3　　　　　　　⑧ 40÷6

思考・判断・表現 ／20点

4 よく出る あめが 45 こあります。1人に 6こずつ分けると、何人に分けられて、何こ あまりますか。　式・答え 1つ5点(10点)

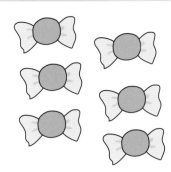

式

答え（　　　　　　　　　　　　　　　　　）

できたらスゴイ！

5 30 さつの図かんを、図書室から教室へ運びます。1回に 4 さつずつ運ぶと、何回で全部の図かんを運べますか。　式・答え 1つ5点(10点)

式

答え（　　　　　　　　　　　　　　　　　）

はってん **できるだけ同じ人数にグループ分けしよう**

1　34 人の子どもを、6 つのグループに分けます。グループの人数ができるだけ同じになるようにするには、どのように分ければよいでしょうか。

　34 人を 6 つのグループに分けると、34÷6＝5 あまり 4

　5 人のグループが 6 つできて、4 人あまります。

　あまった 4 人を 1 人ずつ 4 つのグループに入れるから、

6 人のグループ 4 つと、5 人のグループ ☐ つに分ければよいです。

2　42 本の花を、8 つの花たばにします。花たばの花の数をできるだけ同じになるようにするには、どのように分ければよいでしょうか。

（　　　　　　　　　　　　　　　　　　　　）

◀図を使って考えてみましょう。

グループの数

人数

花たばの数

花の数

ふろくの「計算せんもんドリル」19〜21 もやってみよう！

ふりかえり **1**がわからないときは、36 ページの **1**にもどってかくにんしてみよう。

 プログラミングにちょうせん！
おはじき取りゲーム

教科書 100〜101 ページ　答え 12 ページ

1 おはじき取りゲームをします。

┌───┐
│ **おはじき取りゲームのしかた** │
│ ・おはじきは 26 こ │
│ ・先に取る人と後に取る人を決めて、じゅん番におはじきを │
│ 　取っていき、さいごの 1 こを取ったほうが負け。 │
│ ・一度に取れるおはじきの数は 5 こまで。 │
└───┘

みさきさんは、後に取るときにかならず勝つことができる取り方を見つけました。

ゆうとさんとの勝負　　　　　　　　　　　　　　　　　　（こ）

	1 回目	2 回目	3 回目	4 回目	5 回目	6 回目
ゆうと（先）	1	2	3	1	4	1
みさき（後）	4	3	2	4	1	勝ち

かつみさんとの勝負　　　　　　　　　　　　　　　　　　（こ）

	1 回目	2 回目	3 回目	4 回目	5 回目	6 回目
かつみ（先）	2	1	4	1	3	1
みさき（後）	3	4	1	4	2	勝ち

① ゆうとさん、かつみさんとの勝負を見て、みさきさんの取り方のきまりを考えます。
　　□にあてはまる数を書きましょう。

先の人が　1 こ取ったときは、^⑦□ こ取っている。

　　　　　2 こ取ったときは、^⑦□ こ取っている。　合わせて^⑦□ こ

　　　　　3 こ取ったときは、^⑦□ こ取っている。　になるように

　　　　　4 こ取ったときは、^⑦□ こ取っている。　取っている。

② ①のように取ると勝てるわけを、式を書いて考えます。□にあてはまる数を書きましょう。

26÷5＝ [ ] あまり [ ]

①のように取っていくと、さいごにかならず [ ] こあまるので、勝つことができる。

③ 下の表は、はるさんとの勝負をまとめたものです。あいているところをうめて、表をかんせいさせましょう。

はるさんとの勝負 　　　　　　　　　　　　　　　　　　　　　　　　（こ）

	1回目	2回目	3回目	4回目	5回目	6回目
はる（先）	4	1	3	1	2	1
ゆうと（後）						勝ち

---

2 おはじき取りゲームをしています。おはじきは全部で50こあり、一度に取れるおはじきの数は7こまでです。さいごの1こを取ったほうが負けです。

① りえさんが先、ゆたかさんが後に取ります。ゆたかさんは、どのように取ると勝つことができますか。

(　　　　　　　　　　　　　　　　　　　　　　　　　　　　　　　　)

② れんさんとかなえさんの勝負を表にまとめました。あいているところをうめましょう。

	1回目	2回目	3回目	4回目	5回目	6回目	7回目	8回目
れん（先）	6	3	2	3	5	1	4	1
かなえ（後）	1	3		4	2	6	3	勝ち

3分でまとめ

7 円と球
① 円
② 球

教科書 102〜112 ページ 　答え 12 ページ

次の□にあてはまることばを書きましょう。

◎ねらい 円の意味を知り、正しい円がかけるようにしよう。 練習 ①②→

🐾 円の意味とせいしつ

右のようなまるい形を、**円**といいます。

まん中の点を円の**中心**、中心から円のまわりまで
ひいた直線を**半径**といいます。

円の中心を通って、まわりからまわりまでひいた
直線を、**直径**といいます。

★ １つの円では、半径の長さはみんな同じになっています。
★ １つの円では、直径の長さはみんな同じになっています。
★直径の長さは、半径の長さの２倍です。

コンパスを使う
と、いろいろな
大きさの
円がかけるよ。

1 右の図を見て答えましょう。

とき方 （1） 点⑦を、円の□といいます。

（2） 直線⑦を、□といいます。

（3） 直線⑦を、□といいます。

（4） １つの円で、直径は□の２倍で、長さはみんな同じになっています。

（5） １つの円の中にひいた直線で、一番長い直線は□です。

◎ねらい 球についてよく知っておこう。 練習 ③→

🐾 球の意味とせいしつ

右のようなどこから見ても円に見える形を
球といい、どこを切っても切り口の形は円に
なります。

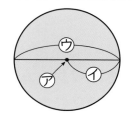

2 右の図を見て答えましょう。

とき方 （1） 点⑦を、球の□といいます。

（2） 直線⑦を、球の□といいます。

（3） 直線⑦を、球の□といいます。

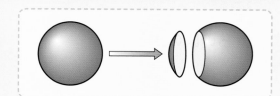
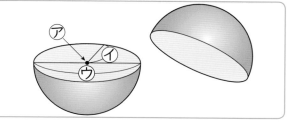

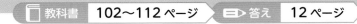

教科書 102～112 ページ 　答え 12 ページ

1 右の図を見て答えましょう。

教科書 106 ページ **3**

① 一番長い直線はどれですか。

（　　　　　　　　）

② ①の直線を何といいますか。

（　　　　　　　　）

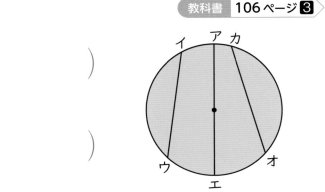

2 コンパスを使って、次の円をかきましょう。

教科書 108 ページ **4**

① 半径が３cm の円

② 直径が４cm の円

🔍 よくみて

3 右の図のように、さいころの形をした箱にボールがすき間なく入っています。

教科書 112 ページ **1**

① このボールの直径は何 cm ですか。

（　　　　　　　　）

② このボールの半径は何 cm ですか。

（　　　　　　　　）

③ このボールの直径は半径の何倍ですか。

（　　　　　　　　）

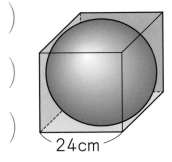
24cm

ヒント **3** ① 図のように球が箱にすき間なく入っているとき、箱の１つの辺の長さと球の直径は同じ長さになります。

43

ぴったり③
たしかめのテスト

⑦ 円と球

時間 30 分

／100

ごうかく 80 点

教科書 102～114 ページ 答え 13 ページ

知識・技能 ／55点

① 右の円を見て、□ にあてはまることばや数、記号を書きましょう。 1つ5点(30点)

① アを円の □ 、イを □ 、ウを □ といいます。

② ウの長さはイの長さの □ 倍です。

③ ウの長さが8cmのとき、イの長さは □ cmです。

④ ウとエでは、長さが長いのは、□ です。

② □ にあてはまることばを書きましょう。 1つ5点(10点)

① 球はどこから見ても □ です。

② 球はどこで切っても、切り口の形は □ です。

③ 次の円をかきましょう。 1つ5点(10点)

① 半径が2cm5mmの円

② 直径が6cmの円

④ コンパスを使って、下の直線を3cmずつに区切りましょう。 (5点)

思考・判断・表現　　　　　　　　　　　　　　　　　　　　　　　　／45点

5 よく出る　直径 12 cm の円の中に、同じ大きさの円が3つ、下のように
すき間なく入っています。　　　　　　　　　　　　　　　1つ5点(20点)

① 大きい円の中心は、ア、イ、ウの点のうち、どれですか。

（　　　　　　　　　）

② 小さい円の半径は何 cm ですか。

（　　　　　　　　　）

③ 直線アイの長さは何 cm ですか。

（　　　　　　　　　）

④ 直線アウの長さは何 cm ですか。

（　　　　　　　　　）

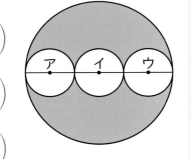

6 直径が6cm の円を、下のようにならべました。　　　　1つ5点(10点)

① 直線アイの長さは何 cm ですか。

（　　　　　　　　　）

② 直線アウの長さは何 cm ですか。

（　　　　　　　　　）

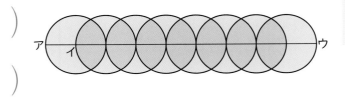

7 よく出る　右の図のように、箱に球がすき間なく入っています。　1つ5点(10点)

① この球の半径は何 cm ですか。

（　　　　　　　　　）

② たての長さは何 cm ですか。

（　　　　　　　　　）

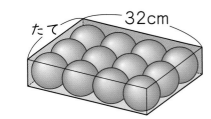
32cm
たて

できたらスゴイ！

8 ⓐの点から5cm、ⓘの点から6cm のところにある点はどれですか。　　(5点)

ア　　　ウ

ⓐ　　　　　　　オ　　　　　　ⓘ

イ

エ

（　　　　　　　　　）

ふりかえり　1がわからないときは、42 ページの 1 にもどってかくにんしてみよう。

8 かけ算の筆算
① 何十、何百のかけ算
② （2けた）×（1けた）の筆算

📖 教科書 116〜123ページ　💬 答え 14ページ

✏️ 次の□にあてはまる数を書きましょう。

◎ ねらい　何十のかけ算のしかたを理かいしよう。　　練習 ①→

🐾 何十のかけ算のしかた

10の何こ分かを考えます。

30×5の計算

30は10の3こ分だから、

30×5は、10が3×5で15こ分。

30×5=150

10の何こに
なるのかな。

1 40×3を計算しましょう。

とき方　40は10の①□こ分だから、40×3は、10が4×3で②□こ分です。

だから、40×3=③□です。

◎ ねらい　（2けた）×（1けた）の筆算ができるようにしよう。　　練習 ②〜⑤→

🐾 （2けた）×（1けた）の筆算のしかた

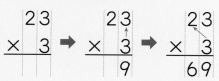

23×3の筆算

位をたてに
そろえて書く。

「三三が9」
の9を一の
位に書く。

「三二が6」
の6を十の
位に書く。

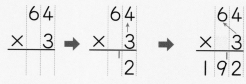

64×3の筆算

位をたてに
そろえて書く。

「三四12」の2を
一の位に書き、1を
十の位にくり上げる。

「三六18」の18に
くり上げた1をたして19。
9を十の位に、
1を百の位に書く。

2 25×4を筆算で計算しましょう。

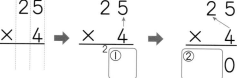

とき方

位をたてに
そろえて書く。

「四五20」の0を
一の位に書き、2を
十の位にくり上げる。

「四二が8」の8にくり上げた
2をたして10。
0を十の位に、1を百の位に書く。

位をそろえたあと、
一の位のかけ算→
十の位のかけ算の
じゅんに計算しよう。

教科書　116〜123 ページ　　答え　14 ページ

1 計算をしましょう。

教科書　117 ページ 1

① 70×3　　　② 90×8　　　③ 60×5

④ 400×2　　⑤ 600×6　　⑥ 500×4

2 計算をしましょう。

教科書　119 ページ 1、122 ページ 2

①　　21
　　× 2

②　　33
　　× 3

③　　37
　　× 2

④　　13
　　× 6

3 計算をしましょう。

教科書　123 ページ 3・4

①　　74
　　× 2

②　　93
　　× 3

③　　26
　　× 7

④　　18
　　× 7

！まちがい注意

4 筆算で計算しましょう。

教科書　123 ページ 3・4

① 82×2　　　② 51×9　　　③ 34×6

よくよんで

5 ようたさんは、なわとびを 1 日に 35 回とぶもくひょうをたてました。1 週間では、何回とぶことになりますか。

教科書　123 ページ 4

式

答え（　　　　　　　）

ヒント　⑤ 1 週間は 7 日あります。1 日 35 回の 7 日分と考えます。かけ算の式を書いたら、筆算で計算しましょう。

ぴったり 1
じゅんび

8 かけ算の筆算

③ （3けた）×（1けた）の筆算

学習日　　月　　日

教科書 124〜126ページ　答え 15ページ

次の ◯ にあてはまる数を書きましょう。

ねらい　（3けた）×（1けた）の筆算ができるようにしよう。　練習 ①→

🐾 （3けた）×（1けた）の筆算のしかた

142×2の筆算

 ➡ 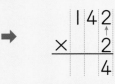 ➡ ➡

位をたてに
そろえて書く。

一の位の計算
「二二が4」の
4を一の位に書く。

十の位の計算
「二四が8」の
8を十の位に書く。

百の位の計算
「二一が2」の
2を百の位に書く。

1 212×3を筆算で計算しましょう。

とき方

 ➡ ➡

「三二が6」の
6を一の位に書く。

「三一が3」の
3を十の位に書く。

「三二が6」の
6を百の位に書く。

ねらい　くり上がりがある（3けた）×（1けた）の筆算ができるようにしよう。　練習 ②③④→

🐾 くり上がりがある（3けた）×（1けた）の筆算のしかた

376×7の筆算

 ➡ ➡ ➡

位をたてに
そろえて書く。

一の位の計算
「七六42」の
2を一の位に書く。
4をくり上げる。

十の位の計算
「七七49」の49に
くり上げた4をたす。
49+4=53の3を十の位
に書く。5をくり上げる。

百の位の計算
「七三21」の21に
くり上げた5をたす。
21+5=26

2 185×6を筆算で計算しましょう。

とき方

 ➡ 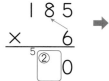 ➡

「六五30」の
0を一の位に書く。
3をくり上げる。

「六八48」の48に
くり上げた3をたす。
5をくり上げる。

「六一が6」の6に
くり上げた5をたす。

くり上げた数を
わすれずに
たそう。

教科書 124〜126 ページ　　答え 15 ページ

1 計算をしましょう。

教科書 124 ページ **1**

① 　　421
　　×　　2

② 　　211
　　×　　3

③ 　　123
　　×　　3

④ 　　221
　　×　　4

2 計算をしましょう。

教科書 125 ページ **2**、126 ページ **3**

① 　　427
　　×　　2

② 　　216
　　×　　4

③ 　　362
　　×　　2

④ 　　708
　　×　　3

！まちがい注意

3 筆算で計算しましょう。

教科書 125 ページ **2**、126 ページ **3**

① 524×7

② 821×2

③ 650×8

4 1こ 235 円のケーキを 8 こ買います。代金は何円ですか。

教科書 125 ページ **2**

式

答え（　　　　　　　　　）

❸ ③　0 の数に気をつけて計算します。筆算をするときは、位をわすれずにかくにんするように
しましょう。

ぴったり1
じゅんび

⑧ かけ算の筆算
④ かけ算のきまり
⑤ かけ算と言葉の式や図

学習日　月　日

教科書　127〜129ページ　答え　15ページ

次の◯にあてはまる数を書きましょう。

◎ねらい　かけ算のきまりをおぼえよう。　練習 ①→

🐾 かけ算のきまり

３つの数のかけ算では、はじめの２つの数を先にかけても、あとの２つの数を先にかけても、答えは同じになります。

（　）の中を先に計算するんだね。

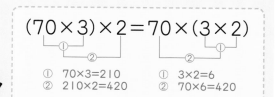

$(70×3)×2=70×(3×2)$

① 70×3=210　① 3×2=6
② 210×2=420　② 70×6=420

1　80×2×2 をくふうして計算しましょう。

とき方　$80×2×2=80×(\boxed{①\quad}×\boxed{②\quad})$ だから、

$80×4=\boxed{③\quad}$

◎ねらい　言葉の式や図を使って、問題がとけるようにしよう。　練習 ②③→

🐾 言葉の式や図

１まい 80 円の画用紙を 4 まい買うと、代金は 320 円です。

　　80　　×　　4　　=　　320

| １つ分の大きさ | × | いくつ分 | = | 全体の大きさ |

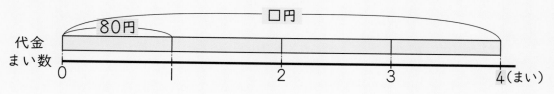

2　１こ 50 円のあめを 3 こ買います。「１つ分の大きさ」と「いくつ分」を表す数を考えて式を書き、代金をもとめましょう。

とき方　「１つ分の大きさ」を表す数は $\boxed{①\quad}$、

「いくつ分」を表す数は $\boxed{②\quad}$ だから、

$\boxed{③\quad}×\boxed{④\quad}=\boxed{⑤\quad}$

答え $\boxed{⑥\quad}$ 円

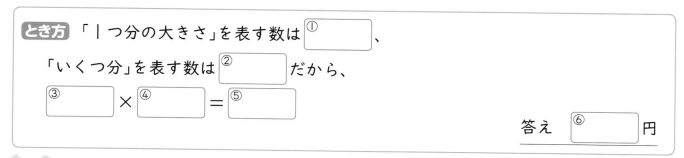

1 くふうして計算しましょう。

教科書 127 ページ 1

① 60×2×3

② 104×3×3

③ 708×2×2

④ 215×3×2

2 1こ 72 円のガムを 5 こ買いました。代金は何円ですか。

教科書 128 ページ 1

① 「72」や「5」は、次の言葉の式のどれにあてはまりますか。

　1つ分の大きさ × いくつ分 ＝ 全体の大きさ

　　　「72」（　　　　　　　　）　　「5」（　　　　　　　　）

② 代金は何円ですか。

式

　　　　　　　　　　　　　　　答え（　　　　　　　　）

📖 よくよんで

3 バスが 4 台あります。1 台に 35 人ずつ乗れます。全部で何人乗れますか。

教科書 129 ページ 2

① 「1 つ分の大きさ」、「いくつ分」、「全体の大きさ」は、次の図で⑥〜⑦のどこに表されていますか。

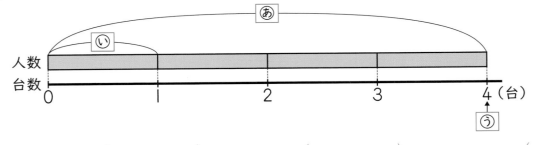

「1 つ分の大きさ」（　　　　　）　「いくつ分」（　　　　　）　「全体の大きさ」（　　　　　）

② 全部で何人乗れますか。

式

　　　　　　　　　　　　　　　答え（　　　　　　　　）

🔵💡ヒント　① ② 先に 3×3 を計算すると、暗算でできます。
　　　　　　　　104×（3×3）＝104×9

時間 **30** 分

／100

ごうかく **80** 点

教科書 **116〜131 ページ**　答え **16 ページ**

知識・技能　　　　　　　　　　　　　　　　　　　　　　　　／64点

① □ にあてはまる数を書きましょう。　　　　　　　　　　　1つ4点(12点)

① 53×4の答えは、50× □ と 3×4の答えを合わせた数です。

② 218×3の答えは、200×［ア□］と 10×［イ□］と 8×3の答えを
合わせた数です。

② 計算をしましょう。　　　　　　　　　　　　　　　　　　1つ4点(12点)

① 40×7　　　　　② 50×6　　　　　③ 800×7

③ よく出る 筆算で計算しましょう。　　　　　　　　　　　1つ4点(32点)

① 34×2　　② 53×3　　③ 47×3　　④ 76×8

⑤ 316×3　　⑥ 164×2　　⑦ 542×4　　⑧ 928×8

④ くふうして計算しましょう。　　　　　　　　　　　　　　1つ4点(8点)

① 200×2×3　　　　　　　② 304×3×2

52

思考・判断・表現　　　　　　　　　　　　　　　　　　　　　　　　　／36点

5 よく出る　１ぴき125円の金魚を３びき買いました。代金は何円ですか。

式・答え　1つ4点（24点）

① 「125」や「3」は、次の言葉の式のどれにあてはまりますか。

$$\boxed{１つ分の大きさ}\times\boxed{いくつ分}=\boxed{全体の大きさ}$$

「125」（　　　　　　　　）　「3」（　　　　　　　　）

② □にあてはまる数を書きましょう。

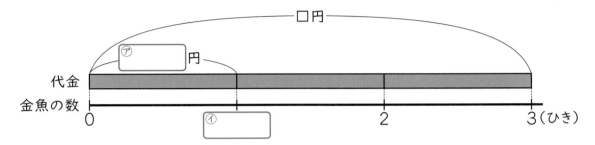

③ 代金は何円ですか。

式

答え　（　　　　　　　　　）

できたらスゴイ！

6 □にあてはまる数を答えましょう。　　　　　　　　　1つ4点（12点）

```
   6 ア 5
 ×     7
 ─────────
 4 2 イ ウ
```

ア（　　　　）　イ（　　　　）　ウ（　　　　）

はってん　（4けた）×（1けた）の筆算

1 計算をしましょう。

①	②	③
1324 × 　3	2418 × 　2	3145 × 　3
3972 なぞりましょう。		

◀（2けた）×（1けた）や（3けた）×（1けた）の筆算と同じように、一の位からじゅんに計算します。

ふろくの「計算せんもんドリル」22～28もやってみよう！

　**ふりかえり**　❶がわからないときは、46ページの❶にもどってかくにんしてみよう。

① **答えが 2 けたになるわり算**

教科書 132〜133 ページ ⏵ 答え 17 ページ

✏ 次の □ にあてはまる数を書きましょう。

🎯 **ねらい** 何十 ÷ 何で、答えが 2 けたになるわり算ができるようにしよう。 練習 ① ③ ➡

🐾 **何十 ÷ 何で、答えが 2 けたになるわり算**

90÷3 の計算
90 は 10 が 9 こ　9÷3＝3
10 が 3 こだから 30
　90÷3＝30

⑩⑩⑩　⑩⑩⑩　⑩⑩⑩

1 40÷2 の計算をしましょう。

とき方 40 は 10 が ①□ こ　②□ ÷2＝2

10 が ③□ こだから、

40÷2＝④□

🎯 **ねらい** 答えが 2 けたになるわり算ができるようにしよう。 練習 ② ④ ➡

🐾 **何十何 ÷ 何で、答えが 2 けたになるわり算**

93÷3 の計算
93÷3 は、93 を 90 と 3 に位ごとに分けて計算します。

$$93÷3 \left\{ \begin{array}{l} 90÷3＝30 \\ 3÷3＝1 \end{array} \right\} →31$$

　　　　　93÷3＝31

2 84÷2 の計算をしましょう。

とき方 84÷2 は、84 を 80 と 4 に位ごとに分けて計算します。

80÷ ①□ ＝②□ 、

4÷2＝2 なので、

84÷2＝③□

80÷□は、10 を
もとにして計算できるね。

ぴったり 2

練習

★ できた問題には、「た」を書こう！★
でき 1　でき 2　でき 3　でき 4

学習日
月　　　日

教科書　132〜133 ページ　　答え　17 ページ

1 計算をしましょう。　　　　　　　　　教科書　132ページ **1**

①　80÷8　　　　　　　　　②　60÷2

③　90÷9　　　　　　　　　④　80÷4

!まちがい注意

2 計算をしましょう。　　　　　　　　　教科書　133ページ **2**

①　68÷2　　　　　　　　　②　96÷3

③　88÷2　　　　　　　　　④　28÷2

3　クッキーが 40 こあります。4 こずつふくろに入れると、ふくろは何ふくろできますか。　　　　　　　　　　　　　　　　　教科書　132ページ **1**

式

答え（　　　　　　　　　　）

4　96 まいの画用紙を 3 人で同じ数ずつ分けます。1 人分は何まいになりますか。
　　　　　　　　　　　　　　　　　　　教科書　133ページ **2**

式

答え（　　　　　　　　　　）

ふろくの「計算せんもんドリル」 6 もやってみよう！

●ヒント　④ 同じ数ずつ分けるので、わり算でもとめます。90÷3 と 6÷3 に分けて計算しましょう。

55

ぴったり① じゅんび

3分でまとめ

⑩ 10000 より大きい数

① 大きな数の表し方

教科書 134〜142 ページ　答え 17 ページ

✎ 次の ▢ にあてはまることばや数、記号を書きましょう。

◎ねらい 10000 より大きい数のしくみをわかるようにしよう。　練習 ①②③→

★一万を　３こ集めた数を三万といい、▕　３０００▕ と書きます。
★一万を 10 こ集めた数を**十万**といい、▕ １０００００▕
　十万を 10 こ集めた数を**百万**といい、▕ １０００００▕
　百万を 10 こ集めた数を**千万**といい、▕ １０００００００▕と書きます。

1 (1)の数を読みましょう。(2)の数を数字で書きましょう。

(1)　48375206　　　　　　　　(2)　二百五十八万七千四十三

とき方　一万の位の左は、じゅんに十万の位、百万の位、千万の位です。

千万の位	百万の位	十万の位	一万の位	千の位	百の位	十の位	一の位
4	8	3	7	5	2	0	6
				2	5	8	

(1)　四千 ▢ 万五千二百六 ← と読みます。

(2)　百万の位が２、十万の位が５、一万の位が８、…
　　だから、▢ と書きます。 ←

◎ねらい 等号、不等号を使えるようにしよう。　練習 ②④⑤→

★右のような数の線を、**数直線**といいます。
　この数直線の１目もりは 1000 です。
★千万を 10 こ集めた数を**一億**といい、100000000 と書きます。
★＝の記号を**等号**、＞や＜の記号を**不等号**といいます。

0　　　　　　　　　　10000

2 ▢ にあてはまる等号か不等号を書きましょう。

(1)　40000 ▢ 60000　　　　(2)　300 万 ▢ 500 万 −200 万

とき方 (1)　左がわの数より右がわの数が大きいです。

40000 ▢ 60000

(2)　500 万 −200 万 ＝ ▢① と計算できます。
　　└ 100 万をもとにすると、5−2

300 万 ②▢ 500 万 −200 万

同＝同
大＞小
小＜大
のように
使うよ。

★ できた問題には、「た」を書こう！★

でき① でき② でき③ でき④ でき⑤

教科書 134〜142 ページ 答え 17 ページ

1 次の数の読み方を漢字で書きましょう。

教科書 135 ページ 1、137 ページ 2

① 32586 （　　　　　　　　　　　　　　）

② 10396508 （　　　　　　　　　　　　　　）

2 次の数を数字で書きましょう。

教科書 135 ページ 1、137 ページ 2、141 ページ 5

① 五万八千百六十五 （　　　　　　　　　）

② 八千六万三千二 （　　　　　　　　　）

③ 一億 （　　　　　　　　　）

3 次の数を数字で書きましょう。

教科書 137 ページ 2、139 ページ 3

① 10 万を 8 こと、1 万を 3 こ、1000 を 6 こ、10 を 4 こ合わせた数

（　　　　　　　　　　　　　）

！まちがい注意

② 1000 万を 3 こと、10 万を 2 こと、789 を合わせた数

（　　　　　　　　　　　　　）

③ 1000 を 28 こ集めた数 （　　　　　　　　　　　　　）

4 下の㋐、㋑の目もりが表す数を数字で書きましょう。

教科書 140 ページ 4

200000　300000　400000

㋐　　　　　　　　㋑

㋐ （　　　　　　　　　　　　） ㋑ （　　　　　　　　　　　　）

5 □ にあてはまる不等号を書きましょう。

教科書 142 ページ 6

① 65000 □ 70000

② 5000+900 □ 5800

ヒント 5 ② 数の大小をくらべるときは、大きい位からじゅんにくらべます。千の位は 5 で同じだから、百の位でくらべましょう。

じゅんび

⑩ 10000 より大きい数

② **10 倍した数や 10 でわった数**

③ **数の見方**

教科書 143〜146 ページ　答え 18 ページ

✏ 次の ◯ にあてはまる数を書きましょう。

ねらい 10 倍した数や 10 でわった数がもとめられるようにしよう。　練習 ① ② ③→

🐾 **10 倍の数**

　ある数を 10 倍した数は、**位が 1 つ上がり**、もとの数の右に 0 を 1 こつけた数になります。

千	百	十	一
		4	3
	4	3	0
4	3	0	0

10倍
10倍
100倍

🐾 **10 でわった数**

　一の位に 0 のある数を 10 でわると、**位が 1 つ下がり**、一の位の 0 をとった数になります。

百	十	一
7	8	0
	7	8

10でわる

1 次の数を書きましょう。

(1)　39 の 10 倍　　(2)　8700 を 10 でわった数

100 倍は、10 倍の 10 倍だよ。

とき方 0 をつけるのか、とるのかを考えます。

(1)　0 を 1 こつけるので ◯　　(2)　0 を 1 ことるので ◯

ねらい いろいろな見方で数を表せられるようにしよう。　練習 ④→

⭐35000 を数直線で表します。

25000　　30000　　35000　　40000　　45000

見方をかえると、いろいろな表し方ができるね。

⭐35000 は、10000 を 3 こと、1000 を 5 こ合わせた数です。

⭐35000 は、350 の 10 倍の 10 倍です。

2 35000 について答えましょう。

(1)　35000 は、40000 よりいくつ小さい数ですか。

(2)　35000 は、1000 を何こ集めた数ですか。

とき方 数直線や式で考えます。

(1)　数直線で見ると、40000 より ◯ 小さいことがわかります。

(2)　5000 は、1000 を ① ◯ こ、30000 は 1000 を ② ◯ こ集めた数なので、合わせて ③ ◯ こです。

1 次の数を書きましょう。

教科書 143 ページ **2**、144 ページ **3**

① 23 の 10 倍

（　　　　　　　）

② 70 の 10 倍

（　　　　　　　）

③ 145 の 10 倍

（　　　　　　　）

④ 88 の 100 倍

（　　　　　　　）

⑤ 40 の 100 倍

（　　　　　　　）

⑥ 4826 の 100 倍

（　　　　　　　）

⑦ 41 の 1000 倍

（　　　　　　　）

⑧ 63 の 1000 倍

（　　　　　　　）

⑨ 406 の 1000 倍

（　　　　　　　）

2 次の数を 10 でわった数を書きましょう。

教科書 145 ページ **4**

① 90

（　　　　　　　）

② 780

（　　　　　　　）

③ 400

（　　　　　　　）

④ 5490

（　　　　　　　）

⑤ 2500

（　　　　　　　）

⑥ 16080

（　　　　　　　）

3 ☐ にあてはまる数を書きましょう。

教科書 145 ページ **4**

① 10 倍すると 700 になる数は [　　　　　　] です。

② 10 でわると 700 になる数は [　　　　　　] です。

③ 6000 は、60 を [　　　　　　] 倍した数です。

4 38000 をいろいろな見方で表します。 ☐ にあてはまる数を書きましょう。

教科書 146 ページ **1**

① 38000 は、10000 を ⑦[　　　　　] こと、1000 を ④[　　　　　] こ 合わせた数です。

② 38000 は、40000 より [　　　　　　] 小さい数です。

③ 38000 は、1000 を [　　　　　　] こ集めた数です。

● ヒント

● 100 倍すると 0 が 2 こつきます。もとの数のさいごに 0 がついているものは、0 の数に 気をつけましょう。

59

たしかめのテスト

⑩ 10000 より大きい数

時間 **30** 分

／100

ごうかく **80** 点

教科書 134～148 ページ　答え 19 ページ

知識・技能　　　　　　　　　　　　　　　　　　　　　　　　　　　／80点

1 よく出る **次の数を数字で書きましょう。**　　　　　　　　1つ5点(10点)

① 四千三百五十万六千二百

（　　　　　　　　　　　）

② 七千五万三百一

（　　　　　　　　　　　）

2 ⑦、⑦の目もりが表す数を書きましょう。　　　　　　　　1つ5点(10点)

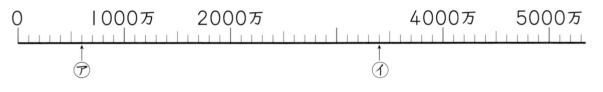

⑦ （　　　　　　　　） ⑦ （　　　　　　　　）

3 89130240 について答えましょう。　　　　　　　　　　1つ5点(10点)

① この数を漢字で書きましょう。

（　　　　　　　　　　　）

② 一万の位の数字は何ですか。

（　　　　　　　　　　　）

4 よく出る **（　　）にあてはまる数を書きましょう。**　　　1つ5点(20点)

① 47000 は、1000 を（　　　　　　　）こ集めた数です。

② 1000 を 14 こ集めた数は、（　　　　　　　）です。

③ 1 万を 49 こ集めた数は、（　　　　　　　）です。

④ 1000 万を（　　　　　　　）こ集めた数を 1 億といいます。

60

5 □にあてはまる不等号を書きましょう。　　1つ5点(10点)

① 39000 □ 340000　　② 5000 □ 5200−400

6 次の数を 100 倍した数を書きましょう。　　1つ5点(10点)

① 430　　② 4006

(　　　　)　　(　　　　)

7 次の数を 10 でわった数を書きましょう。　　1つ5点(10点)

① 7200　　② 48900

(　　　　)　　(　　　　)

思考・判断・表現　　／20点

8 13000 をいろいろな見方で表しました。①〜④の考えを式で表すと、あ〜えのどれですか。それぞれ記号で答えましょう。　　1つ5点(20点)

① 13000 は、10000 と 3000 を合わせた数です。

② 13000 は、1300 を 10 倍した数です。

(　　　　)　　(　　　　)

③ 13000 は、130000 を 10 でわった数です。

④ 13000 は、130 の 10 倍の 10 倍です。

(　　　　)　　(　　　　)

あ 1300 × 10　　い 130000 ÷ 10

う 10000 + 3000　　え 130 × 10 × 10

ふりかえり ①がわからないときは、56 ページの①にもどってかくにんしてみよう。

61

ぴったり① じゅんび

3分でまとめ

⑪ 小数

① 小数

教科書　150〜154 ページ　　答え　20 ページ

✏️ 次の ◯ にあてはまる数を書きましょう。

◎**ねらい** 小さい数が表せるようにしよう。

練習 ① ② ④ →

🐾 **小さい数の表し方**

同じ大きさに 10 こに分けることを、**10 等分**するといいます。

1L を 10 等分した 1 つ分のかさを **0.1L** と書き、**れい点一リットル**と読みます。0.1L と 1dL は同じかさを表します。

0.1、0.3、2.3 のように表した数を**小数**といい、「.」を**小数点**といいます。また、0、1、2、…のような数を**整数**といいます。

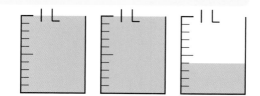

1 水のかさをはかったら、右の図のようになりました。水のかさは全部で何 L ですか。

とき方 左と真ん中のますには、どちらも 1L の水が入っています。

右のますは、0.1L の ①◯ つ分なので、②◯ L の水が入っています。

だから、水は全部で ③◯ L あります。

◎**ねらい** 小数の使い方を理かいしよう。

練習 ① ③ →

🐾 **mm と cm**

1mm は、1cm を 10 等分した長さなので、0.1cm と表せます。

4mm は、0.1cm の 4 つ分の長さなので、0.4cm です。

1mm＝0.1cm なんだね。

2 右のテープの長さは何 cm ですか。

とき方 このテープの長さは、①◯ cm ②◯ mm です。

1mm は、1cm を 10 等分した 1 つ分の長さなので、③◯ cm と表せます。

だから、このテープの長さは、5cm と 0.1cm が 4 つ分で ④◯ cm となります。

ぴったり2
練習

★ できた問題には、「た」を書こう！★
でき ① でき ② でき ③ でき ④

学習日　　月　　日

📖 教科書 150〜154 ページ　▶ 答え 20 ページ

1 ▭ にあてはまる数を書きましょう。
📖 教科書 151 ページ **1**、153 ページ **2**

① 1dL を 10 等分した1つ分のかさを、▭ dL と書き、「れい点一」dL と読みます。

② 1cm を 10 等分した1つ分の長さを、▭ cm と書きます。

③ 1L ＝ ▭ dL より、1dL ＝ ▭ L です。

④ 1cm ＝ ▭ mm より、1mm ＝ ▭ cm です。

2 次のますに入っている水のかさは何 L ですか。
📖 教科書 151 ページ **1**

① ② ③

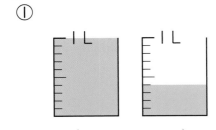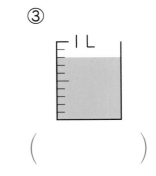

（　　　　　）　　　（　　　　　）　　　（　　　　　）

🔍 よくみて
3 下のものさしの左のはしから㋐〜㋓の↓までの長さは、それぞれ何 cm ですか。
📖 教科書 153 ページ **2**

㋐　㋑　㋒　㋓

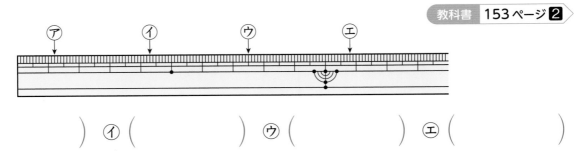

㋐（　　　　　）㋑（　　　　　）㋒（　　　　　）㋓（　　　　　）

4 次のかさだけ色をぬりましょう。
📖 教科書 151 ページ **1**

① 0.8 L

② 2.4 L

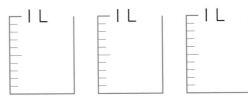

👀 ヒント　**3** 1mm＝0.1cm です。今まで mm で表していた長さを何 cm で表してみましょう。

63

11 小 数

② 小数のしくみ

教科書 155〜158ページ　答え 20ページ

✏ 次の ◯ にあてはまる数を書きましょう。

🐾ねらい　小数のしくみを理かいしよう。　　　　練習 ① ② ➡

小数のしくみ

小数点のすぐ右の位を**小数第一位**といいます。

一の位	第小数一位
2	. 3

1 45.3 の十の位、一の位、小数第一位の数字は何ですか。

とき方 十の位の数字は ①◯◯◯◯、一の位の数字は

②◯◯◯◯ です。小数第一位は小数点のすぐ右の位なの

で、③◯◯◯◯ です。

十の位	一の位	第小数一位
4	5	. 3

🐾ねらい　小数を 0.1 のいくつ分で表すことができるようにしよう。　練習 ③〜⑥ ➡

1.9 を、0.1 のいくつ分で表します。

0　　　　　　　　　　1　　　　　　　　　　1.9　2

一番小さい目もりを、0.1 にして数直線で考えると、19 こ分です。

また、1 は 0.1 の 10 こ分なので、1.9 は 0.1 の 19 こ分です。

2 0.1 を次の数だけ集めた数はいくつですか。

(1) 7 こ　　(2) 21 こ

とき方

0　　　(1)　　1　　　　　　2 (2)　　　　3
0.1

(1) 数直線の 1 目もりの大きさは 0.1 なので、◯◯◯◯

(2) 2 は 0.1 の ①◯◯◯◯ こ分なので、0.1 を 21 こ集めた数は ②◯◯◯◯

ぴったり② 練習

★できた問題には、「た」を書こう！★
でき① でき② でき③ でき④ でき⑤ でき⑥

学習日　　月　　日

教科書 155〜158 ページ　　答え 20 ページ

1 次の数を書きましょう。　　教科書 155 ページ **1**

① 1 を 2 こと 0.1 を 8 こ合わせた数　　（　　　　　　）

② 10 を 9 こと 0.1 を 4 こ合わせた数　　（　　　　　　）

2 63.8 の十の位、一の位、小数第一位の数字をそれぞれ書きましょう。　　教科書 155 ページ **1**

十の位（　　　　　）　　一の位（　　　　　）　　小数第一位（　　　　　）

3 次の数直線の⑦〜⊆の目もりが表す小数を書きましょう。　　教科書 156 ページ **2**

⑦（　　　　　）　　④（　　　　　）　　⑦（　　　　　）　　⊆（　　　　　）

4 次の数は、0.1 をいくつ集めた数ですか。　　教科書 156 ページ **3**

① 0.3　（　　　　　）　　② 5.1　（　　　　　）

③ 8　（　　　　　）　　④ 34.6　（　　　　　）

5 0.1 を次の数だけ集めた数はいくつですか。　　教科書 156 ページ **3**

① 5 こ　（　　　　　）　　② 72 こ　（　　　　　）

③ 16 こ　（　　　　　）　　④ 89 こ　（　　　　　）

！まちがい注意

6 □にあてはまる不等号(ふとうごう)を書きましょう。　　教科書 158 ページ **4**

① 0.5 □ 0.6　　② 4 □ 3.5　　③ 0.4 □ 0.3

ヒント　❸ 1目もりの大きさは 0.1 です。

⑪ 小 数
③ 小数の計算
④ 数の見方

教科書 159〜164 ページ　答え 21 ページ

✎ 次の ☐ にあてはまる数を書きましょう。

◎ねらい 小数のたし算ができるようにしよう。　　　練習 ①→

🐾 **小数のたし算の筆算のしかた**

2.3＋4.5 の筆算
❶ 位をそろえて書く。
❷ 整数のたし算と同じように計算する。
❸ 上の小数点にそろえて、答えの小数点をうつ。

❶ $\begin{array}{r} 2.3 \\ +4.5 \\ \hline \end{array}$ ➡ ❷ $\begin{array}{r} 2.3 \\ +4.5 \\ \hline 6\,8 \end{array}$ ➡ ❸ $\begin{array}{r} 2.3 \\ +4.5 \\ \hline 6.8 \end{array}$

1 0.6＋0.7 の計算をしましょう。

とき方 0.6 は 0.1 の ☐① こ分、0.7 は 0.1 の ☐② こ分だから、
0.6＋0.7 は、0.1 が 6＋7＝13 で 13 こ分と考えられます。
　だから、0.6＋0.7＝ ☐③

> くり上がりのある
> たし算も整数と同じように
> たしていくんだよ。

2 2.7＋3.8 を筆算で計算しましょう。

とき方 まず、位をそろえて書きます。
　次に、整数のたし算と同じように計算します。
27＋ ☐① ＝ ☐②　答えに小数点をうちます。

$\begin{array}{r} 2.7 \\ +3.8 \\ \hline \end{array}$
☐③

◎ねらい 小数のひき算ができるようにしよう。　　　練習 ②③→

🐾 **小数のひき算の筆算のしかた**

4.7－2.5 の筆算
❶ 位をそろえて書く。
❷ 整数のひき算と同じように計算する。
❸ 上の小数点にそろえて、答えの小数点をうつ。

❶ $\begin{array}{r} 4.7 \\ -2.5 \\ \hline \end{array}$ ➡ ❷ $\begin{array}{r} 4.7 \\ -2.5 \\ \hline 2\,2 \end{array}$ ➡ ❸ $\begin{array}{r} 4.7 \\ -2.5 \\ \hline 2.2 \end{array}$

3 5.1－3.6 を筆算でしましょう。

とき方 まず、位をそろえて書きます。
　次に、整数のひき算と同じように計算をします。
☐① －36＝ ☐②　答えに小数点をうちます。

$\begin{array}{r} 5.1 \\ -3.6 \\ \hline \end{array}$
☐③

ぴったり 2 練習

★ できた問題には、「た」を書こう！★

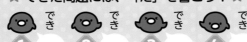

でき ① でき ② でき ③ でき ④

教科書 159〜164 ページ 答え 21 ページ

1 計算をしましょう。

教科書 159 ページ **1**、161 ページ **2**

① 0.4＋0.2

② 0.8＋0.5

③ 0.3＋0.7

④
```
   4.3
+  5.8
```

⑤
```
    7.4
+ 12.6
```

⑥
```
   3.1
+  9
```

2 計算をしましょう。

教科書 162 ページ **3**、163 ページ **4**

① 0.9－0.2

② 1.2－0.3

③ 1－0.8

! まちがい注意

④
```
   7.3
-  2.7
```

⑤
```
  23.7
-  5.7
```

⑥
```
   3
-  0.7
```

3 牛にゅうが 2.7L あります。1.8L 飲むと、何L のこりますか。

教科書 163 ページ **4**

式

答え（　　　　　　　　　　）

4 5.2 をいろいろな見方で表します。☐ にあてはまる数を書きましょう。

教科書 164 ページ **1**

① 5.2 は、1 を ☐ ことと 0.1 を ☐ こ合わせた数です。

② 5.2 は、0.1 を ☐ こ集めた数です。

③ 5.2 は、6 より ☐ 小さい数です。

④ 5.2 は、5 より ☐ 大きい数です。

ヒント　② ⑥ 位に気をつけて計算します。3 は 3.0 として計算するとよいでしょう。

ぴったり③
たしかめのテスト

⑪ 小　数

時間 30 分
／100
ごうかく 80 点

教科書 150〜166 ページ ▶ 答え 21 ページ

知識・技能 ／76点

1 よく出る □ にあてはまる数を書きましょう。 1つ3点(12点)

① 5.8 の小数第一位の数字は、□ です。

② 0.1 を 62 こ集めた数は、□ です。

③ 7.2 は、7 と □ を合わせた数です。

④ 10 を 3 こと、0.1 を 3 こ合わせた数は □ です。

2 水のかさは何 L ですか。 (4点)

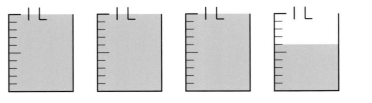

(　　　　　)

3 次の⑦、⑦、⑦の目もりが表す小数を書きましょう。 1つ4点(12点)

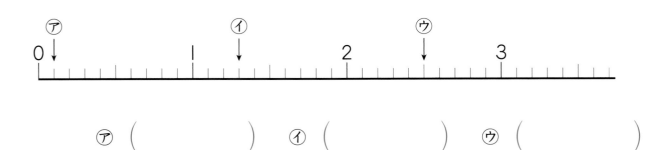

⑦ (　　　　) ⑦ (　　　　) ⑦ (　　　　)

4 □ にあてはまる不等号を書きましょう。 1つ4点(12点)

① 2.9 □ 2.8 　　② 0.5 □ 0.7 　　③ 0.8 □ 1

5 よく出る **筆算で計算しましょう。** 　1つ4点（36点）

① 5.6＋4.7

② 18.5＋0.6

③ 22.9＋7.1

④ 8.3＋5

⑤ 2.4＋1.6

⑥ 5.3－1.8

⑦ 28.3－10.9

⑧ 9.4－7

⑨ 40－18.6

思考・判断・表現 　／24点

6 **けんじさんは 2.8 m、さとみさんは 3.2 m の長さのテープを持っています。**
　式・答え 1つ4点（16点）

① 　2人のテープを合わせると何 m になりますか。

式

答え（　　　　　　　　　）

② 　2人のテープの長さのちがいは何 m ですか。

式

答え（　　　　　　　　　）

できたらスゴイ！

7 **かんに油が 4.6 L 入っています。これを 8 dL 使うと、のこりは何 L ですか。**
　式・答え 1つ4点（8点）

式

答え（　　　　　　　　　）

ふりかえり ❶がわからないときは、64 ページの❶❷にもどってかくにんしてみよう。

ふろくの「計算せんもんドリル」30〜32 もやってみよう！

3分でまとめ

12 長 さ
① 長さのはかり方
② キロメートル

教科書 169〜173 ページ　　答え 22 ページ

✎ 次の◯にあてはまる数を書きましょう。

◎ねらい　まきじゃくを使って、長さがはかれるようにしよう。　　練習 ①→

🐾 まきじゃく

　次のような長さをはかるときには、
まきじゃくを使うとべんりです。

⭐長いところの長さをはかるとき
　→教室のたてや横の長さなど

⭐まるい物のまわりの長さをはかるとき
　→木のみきのまわりの長さなど

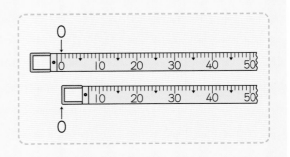

1 下のまきじゃくで、⑦、⑦の目もりは、それぞれ何cmを表していますか。

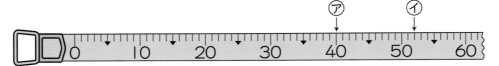

とき方　まきじゃくの1目もりは、1cmです。

⑦は、① ◯◯◯ の目もりをさしているので、② ◯◯◯ cm です。

⑦は、50cm とあと ③ ◯◯◯ cm なので、④ ◯◯◯ cm です。

◎ねらい　長さの単位kmをおぼえて、道のりやきょりを表せるようにしよう。　練習 ②③→

🐾 キロメートル

⭐km（キロメートル）は長さの単位で、長い道のりやきょりを表すときに
　使います。　1km＝1000m です。

⭐道のりときょり

　道のり…道にそってはかった長さ

　きょり…まっすぐにはかった長さ

2 右の図で、家から銀行までの道のりときょりを
もとめましょう。

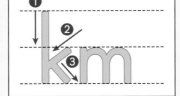

とき方　道のりは、350m＋450m＝① ◯◯◯ m です。

きょりは、まっすぐにはかった長さなので、② ◯◯◯ m です。

ぴったり2 練習

★ できた問題には、「た」を書こう！★

でき ① でき ② でき ③

学習日　　　月　　　日

教科書 169〜173ページ　答え 22ページ

1 下のまきじゃくを見て、問題に答えましょう。　教科書 170ページ **1**

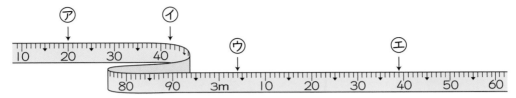

① １目もりは何 cm ですか。　　　　　　　　　　　　（　　　　　　）

② ↓の目もりは、それぞれ何 m 何 cm を表していますか。

ア（　　　　　　）　　イ（　　　　　　）

ウ（　　　　　　）　　エ（　　　　　　）

2 （　　　）にあてはまる数を書きましょう。　教科書 172ページ **1**

① 2000 m ＝（　　　　　）km

② 3600 m ＝（　　　　　）km（　　　　　）m

③ 4 km 50 m ＝（　　　　　）m

④ 1 km 700 m ＝（　　　　　）m

3 右の図を見て、問題に答えましょう。　教科書 172ページ **1**

① こうたさんの家から学校までの道のり
は、何 km 何 m ですか。

（　　　　　　　　　　）

よくよんで

② こうたさんとゆうきさんでは、家から
学校までの道のりは、どちらがどれだけ
近いですか。

（　　　　　　　　　　　　　　　　　　　　）

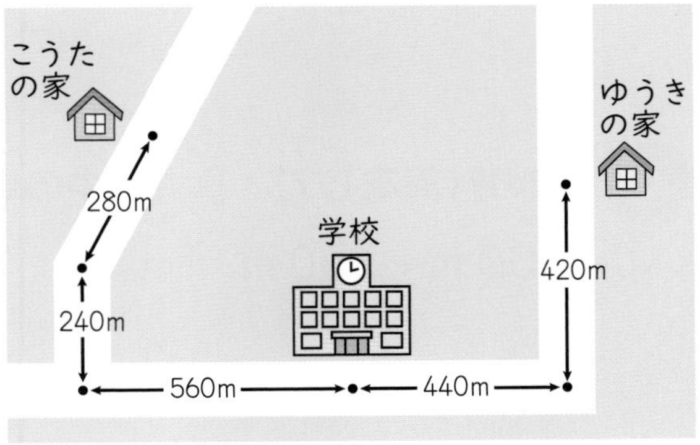

こうた
の家
280m
240m
560m
学校
440m
ゆうき
の家
420m

ヒント **3** ① こうたさんの家から学校までの道のりは、280m＋240m＋560m でもとめられます。

⑫ 長さ

知識・技能 /70点

1 次の長さをはかるとき、まきじゃくを使うとべんりなのはどれですか。3つえらんで、記号を書きましょう。
1つ5点(15点)

ⓐ 教科書のあつさ　　　ⓘ 頭のまわりの長さ
ⓤ 校庭の横の長さ　　　ⓔ えん筆の長さ
ⓞ 筆箱の長さ　　　　　ⓚ サッカーコートのたての長さ

(　　　) (　　　) (　　　)

2 よく出る ( )にあてはまる数を書きましょう。
全部できて 1つ5点(15点)

① 1200 m＝(　　　) km (　　　) m

② 4030 m＝(　　　) km (　　　) m

③ 3km 70 m＝(　　　) m

3 まきじゃくのⓐ〜ⓔの目もりを読みましょう。
1つ5点(20点)

ⓐ (　　　)　ⓘ (　　　)
ⓤ (　　　)　ⓔ (　　　)

4 次の計算をして、[ ]の中の単位で答えましょう。
1つ5点(20点)

① 400 m＋260 m ［m］　　② 880 m－430 m ［m］

(　　　)　　　　　(　　　)

③ 720 m＋410 m ［km と m］　④ 1 km 550 m＋800 m ［km と m］

(　　　)　　　　　(　　　)

思考・判断・表現　　　　　　　　　　　　　　　　　　　　　／30点

5 よく出る ひろしさんの家から公園
までは、２通りの行き方があります。
1つ5点（20点）

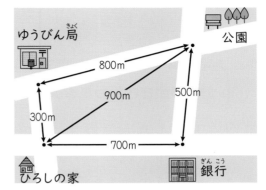

① ひろしさんの家から公園までの
きょりは、何 m ですか。

（　　　　　　　　　）

② 銀行の前を通って公園に行く道のりは、何 km 何 m ですか。

（　　　　　　　　　）

③ ゆうびん局の前を通って公園に行く道のりは、何 km 何 m ですか。

（　　　　　　　　　）

④ どちらの道のりがどれだけ近いですか。

（　　　　　　　　　）

6 右の地図を見て、問題に答えましょう。
1つ5点（10点）

① ちひろさんの家から学校までは、
一番近い道のりで何 km 何 m ですか。

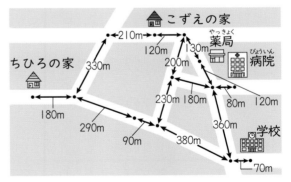

（　　　　　　　　　）

できたらスゴイ！

② こずえさんとちひろさんが歩いた道のりのちがいは何 m ですか。

こずえ
わたしは、家からの
道のりが一番短い
道を通って、病院に行って
から薬局に来たよ。

わたしは、家からの
道のりが一番短い
道を通って、薬局に来たよ。

ちひろ

（　　　　　　　　　）

ふりかえり　❶がわからないときは、70 ページの❶にもどってかくにんしてみよう。

ぴったり **1**
じゅんび
3分でまとめ

13 分 数

① 分数　② 分数の大きさ

③ 分数と小数

学習日　　月　　日

教科書 176〜184 ページ　答え 24 ページ

✎ 次の □ にあてはまる数や記号を書きましょう。

◎ねらい　分数の大きさがわかるようにしよう。　練習 ① ② ③ →

1m を 4 等分した長さの 1 つ分の長さを、$\frac{1}{4}$ m と書き、
四分の一メートルと読みます。

分数で、線の下の数を**分母**、線の上の数を**分子**といいます。

分子 → $\frac{1}{4}$
分母 →

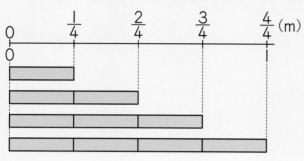

$\frac{1}{4}$ m の 2 つ分の長さは、$\frac{2}{4}$ m です。

$\frac{1}{4}$ m の 4 つ分の長さは、$\frac{4}{4}$ m です。

$\frac{4}{4}$ m は、1m と同じ長さです。

1 $\frac{1}{7}$ L のかさの 5 つ分のかさは、何 L ですか。

とき方 右の図から、$\frac{1}{7}$ L の 5 つ分のかさは
$\frac{①}{②}$ L と表せます。

◎ねらい　小数と分数の大きさがくらべられるようになろう。　練習 ④ →

小数と分数を 1 つの数直線の上下に表すと、次のようになります。

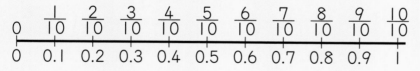

$\frac{1}{10}$ =0.1

一の位	小数第一位（$\frac{1}{10}$の位）
0	1

・$\frac{1}{10}$ と 0.1 は、等しい大きさです。

・小数第一位のことを、$\frac{1}{10}$ の位ともいいます。

2 $\frac{6}{10}$ と 0.9 の大小を、不等号を使って式に書きましょう。

とき方 上の数直線を使ってくらべます。0.9 は $\frac{6}{10}$ より右にあるので、

$\frac{6}{10}$ □ 0.9

教科書 176〜184 ページ　答え 24 ページ

1 色をぬったところの長さやかさを、分数で表しましょう。

教科書 177 ページ 1、179 ページ 2

①
1m

(　　　　　)

②
1 L

(　　　　　)

2 □ にあてはまる数を書きましょう。

教科書 179 ページ 2、182 ページ 1

① $\frac{1}{5}$ m の 2 つ分の長さは、$\frac{□}{□}$ m です。

分母と分子が同じ数のとき、1 になるんだったね。

② $\frac{1}{8}$ L の □ つ分のかさは、$\frac{9}{8}$ L です。

③ $\frac{1}{9}$ の 5 こ分は、$\frac{□}{□}$ です。

④ $\frac{1}{10}$ の □ こ分は、1 です。

3 ㋐、㋑、㋒を分数で表しましょう。

教科書 183 ページ 2

㋐　㋑　㋒

0　　$\frac{1}{7}$　　　　　　　1

㋐ (　　　　　)　㋑ (　　　　　)　㋒ (　　　　　)

! まちがい注意

4 □ にあてはまる等号か不等号を書きましょう。

教科書 184 ページ 1

① $\frac{6}{10}$ □ 0.4　　② $\frac{14}{10}$ □ 0.7　　③ $\frac{10}{10}$ □ 1

ヒント　③ ㋒は 1 より大きい数だから、分子が分母より大きくなります。

75

13 分 数

④ 分数の計算

📖 教科書 185〜187 ページ ➡️ 答え 24 ページ

✏️ 次の ☐ にあてはまる数を書きましょう。

🎯 **ねらい** 分数のたし算ができるようにしよう。　　　　　　　　練習 ①③➡️

🐾 **分数のたし算のしかた**

分母が同じ分数のたし算では、分母はそのままにして、**分子だけたします。**

$$\frac{2}{7} + \frac{3}{7} = \frac{5}{7}$$

$\frac{2}{7}$ は $\frac{1}{7}$ が2こ、$\frac{3}{7}$ は $\frac{1}{7}$ が3こだから、$\frac{1}{7}$ が5こで、$\frac{5}{7}$ になるんだね。

1 $\frac{4}{9} + \frac{2}{9}$ を計算しましょう。

とき方 $\frac{4}{9}$ は、$\frac{1}{9}$ が ① ☐ こ、$\frac{2}{9}$ は、$\frac{1}{9}$ が ② ☐ こだから、

$\frac{4}{9} + \frac{2}{9}$ の答えは、$\frac{1}{9}$ が ③ ☐ こで、$\frac{④☐}{⑤☐}$ となります。

🎯 **ねらい** 分数のひき算ができるようにしよう。　　　　　　　　練習 ②④➡️

🐾 **分数のひき算のしかた**

分母が同じ分数のひき算では、分母はそのままにして、**分子だけひきます。**

$$\frac{5}{7} - \frac{3}{7} = \frac{2}{7}$$

$1 - \frac{1}{3}$ のようなひき算は、1を $\frac{3}{3}$ になおして、$\frac{3}{3} - \frac{1}{3} = \frac{2}{3}$ と計算するよ。

2 $1 - \frac{3}{5}$ を計算しましょう。

とき方 1は $\frac{5}{5}$ と同じだから、

$1 - \frac{3}{5} = \frac{①☐}{②☐} - \frac{3}{5} = \frac{③☐}{④☐}$ となります。

☀ できた問題には、「た」を書こう！☀

でき① でき② でき③ でき④

学習日 　　月　　日

📖 教科書　185〜187 ページ　　答え　24 ページ

1 計算をしましょう。

教科書 185 ページ **1**

① $\frac{1}{5} + \frac{2}{5}$

② $\frac{2}{4} + \frac{1}{4}$

③ $\frac{2}{7} + \frac{4}{7}$

④ $\frac{3}{10} + \frac{2}{10}$

⑤ $\frac{5}{6} + \frac{1}{6}$

⑥ $\frac{4}{9} + \frac{5}{9}$

2 計算をしましょう。

教科書 187 ページ **2**

① $\frac{4}{5} - \frac{2}{5}$

② $\frac{4}{6} - \frac{1}{6}$

③ $\frac{5}{8} - \frac{4}{8}$

④ $\frac{9}{10} - \frac{2}{10}$

⑤ $1 - \frac{5}{8}$

⑥ $1 - \frac{3}{9}$

📖 よくよんで

3

赤いリボンが $\frac{2}{10}$ m あります。黄色いリボンは、赤いリボンより $\frac{3}{10}$ m 長いそうです。黄色いリボンの長さは何 m ですか。

教科書 185 ページ **1**

式

答え （　　　　　　　）

4

1L 入っている水とうの水を $\frac{2}{5}$ L 飲みました。
水は何 L のこっていますか。

教科書 187 ページ **2**

式

答え （　　　　　　　）

ヒント

④ 分数でも、整数と同じように考えて式をつくりましょう。1L から $\frac{2}{5}$ L をひく、ひき算の式になります。

77

ぴったり3
たしかめのテスト
⑬ 分 数
時間 30分
／100
ごうかく 80点

教科書 176〜189ページ　　答え 25ページ

知識・技能　　／84点

1 次の長さに色をぬりましょう。　　1つ4点(8点)

① $\frac{1}{3}$ m

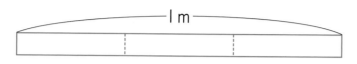

② $\frac{2}{5}$ m

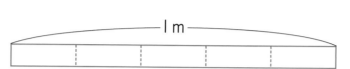

2 よく出る　□にあてはまる数を書きましょう。　　1つ4点(12点)

① $\frac{1}{5}$ dL の 4つ分のかさは、□ dL です。

② □ m の 8つ分の長さは、$\frac{8}{7}$ m です。

③ $\frac{1}{9}$ の □ つ分は、1 です。

3 ㋐、㋑の目もりが表す分数をそれぞれ書きましょう。　　1つ4点(8点)

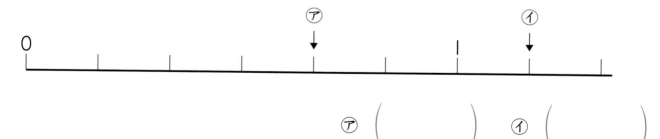

㋐ (　　　　　)　㋑ (　　　　　)

4 □にあてはまる不等号を書きましょう。　　1つ4点(8点)

① $\frac{3}{9}$ □ $\frac{4}{9}$

② 1.3 □ $\frac{15}{10}$

5 よく出る 計算をしましょう。　1つ4点(24点)

① $\frac{1}{5} + \frac{3}{5}$　　② $\frac{1}{3} + \frac{1}{3}$　　③ $\frac{3}{7} + \frac{4}{7}$

④ $\frac{5}{10} + \frac{3}{10}$　　⑤ $\frac{5}{7} + \frac{2}{7}$　　⑥ $\frac{3}{5} + \frac{2}{5}$

6 よく出る 計算をしましょう。　1つ4点(24点)

① $\frac{2}{3} - \frac{1}{3}$　　② $\frac{4}{5} - \frac{3}{5}$　　③ $\frac{7}{8} - \frac{2}{8}$

④ $\frac{6}{10} - \frac{2}{10}$　　⑤ $1 - \frac{3}{4}$　　⑥ $1 - \frac{5}{7}$

思考・判断・表現　　／16点

7 よしきさんは、$\frac{2}{5}$ L 入る水とうを持っています。こうたさんの水とうはよしきさんの水とうより、$\frac{1}{5}$ L 多く入るそうです。

こうたさんの水とうには、何 L 入りますか。　式・答え 1つ4点(8点)

式

答え（　　　　　　）

できたらスゴイ！

8 1 m の長さのテープを $\frac{5}{7}$ m 使いました。のこりは何 m ですか。　式・答え 1つ4点(8点)

式

答え（　　　　　　）

ふりかえり **1** がわからないときは、74 ページの **1** にもどってかくにんしてみよう。

ふろくの「計算せんもんドリル」 33 もやってみよう！

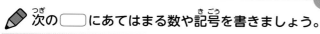

14 三角形と角

① いろいろな三角形
② 三角形のかき方

学習日　　月　　日

教科書　190〜196 ページ　答え　25 ページ

✏ 次の◯にあてはまる数や記号を書きましょう。

◎ねらい　二等辺三角形と正三角形がどんな形かわかるようにしよう。　練習 1→

🐾 二等辺三角形と正三角形

★2つの辺の長さが等しい三角形を**二等辺三角形**といいます。

★3つの辺の長さが等しい三角形を**正三角形**といいます。

辺の十、卌などは、長さが等しいことを表しているんだよ。

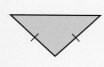
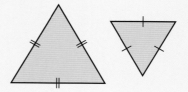

1 次の三角形の中から、二等辺三角形と正三角形をそれぞれえらびましょう。

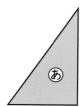
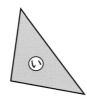

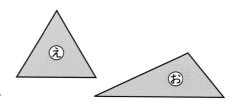

とき方　二等辺三角形は、◯① 　つの辺の長さが等しい三角形だから、

◯② と ◯③ です。

正三角形は、◯④ 　つの辺の長さが等しい三角形だから、◯⑤ です。

◎ねらい　二等辺三角形と正三角形がかけるようにしよう。　練習 2 3→

🐾 二等辺三角形のかき方

〔れい〕1 つの辺の長さが 3cm
　　　　2 つの辺の長さが 5cm

❶辺アイをひく。　❷コンパスを使って5cmをはかる。　❸交わったところに線をひく。

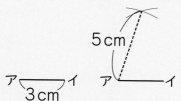

🐾 正三角形のかき方

〔れい〕1 つの辺の長さが 4cm

❶辺ウエをひく。　❷コンパスを使って4cmをはかる。　❸交わったところに線をひく。

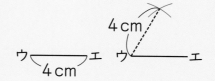
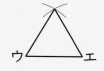

教科書 190〜196 ページ　　答え 25 ページ

1 次の三角形の中から、二等辺三角形と正三角形をそれぞれ見つけましょう。

教科書 191 ページ **1**

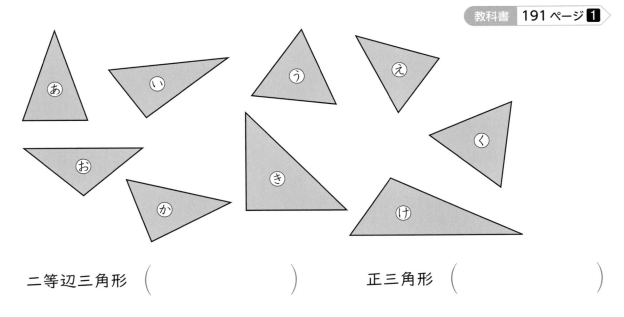

二等辺三角形 （　　　　　　　　）　　正三角形 （　　　　　　　　）

2 次の三角形をかきましょう。

教科書 194 ページ **1**、195 ページ **2**

① 辺の長さが 4 cm、5 cm、4 cm の二等辺三角形

② 1 つの辺の長さが 6 cm の正三角形

⌣ 5 cm

⌣ 6 cm

🔍 **よくみて**

3 右のように、半径 2 cm の円に半径を 1 本かきました。この円の半径を使って、辺の長さが 2 cm の正三角形をかきましょう。

教科書 196 ページ **3**

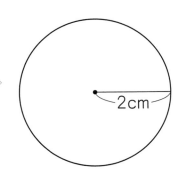
2cm

 ❸ 図の半径の右はしにコンパスのはりをさして、半径 2cm の円をかきます。

ぴったり1 じゅんび

14 三角形と角
③ 三角形の角
④ 三角形のしきつめ

学習日　　月　　日

教科書 197〜199 ページ　答え 26 ページ

✏️ 次の　　にあてはまることばや数を書きましょう。

ねらい 三角形の角と、角の大きさについて理かいしておこう。　練習 ① ② ➡

🐾 **角と角の大きさ**

１つの頂点（ちょうてん）から出ている２つの辺（へん）がつくる形を角（かく）といいます。

角の大きさは、辺の長さにかんけいなく、辺の開き具合（ひらきぐあい）で決まります。

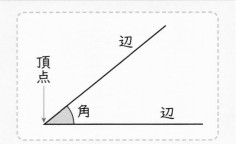

辺
頂点
角　辺

1 三角じょうぎの角の大きさを調（しら）べましょう。

とき方 (1) ⓘの角とⓚの角を重ねると、ⓚの角は

ⓘの角より　　　　　ことがわかります。

(2) ⓐの角とⓕの角を重ねると、ⓕの角はⓐの

角より　　　　　ことがわかります。

(3) ⓤの角とⓛの角は、　　　　　になっています。

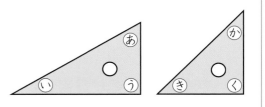

ねらい 二等辺三角形（にとうへんさんかくけい）と正三角形の角の大きさを知ろう。　練習 ③ ④ ➡

🐾 **二等辺三角形と正三角形の角の大きさ**

★二等辺三角形は、２つの角の
大きさが等（ひと）しい。

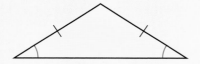

★正三角形は、３つの角の
大きさが等しい。

2 二等辺三角形と正三角形のとくちょうを調べましょう。

とき方 (1) 二等辺三角形は、２つの辺の長さが ①　　　　　、

２つの ②　　　　　の大きさが等しい三角形です。

(2) 正三角形は、①　　　　つの辺の長さが等しく、

②　　　　つの角の大きさが等しい三角形です。

角の ∠ と ∟ は、
角の大きさが
等（ひと）しいことを表（あらわ）
しているよ。

ぴったり 2
練習

★ できた問題には、「た」を書こう！★
でき 1　でき 2　でき 3　でき 4

学習日
月　　　日

教科書　197〜199 ページ　　答え　26 ページ

1 次の図で、辺、角、頂点はそれぞれどこですか。　　教科書 197 ページ **1**

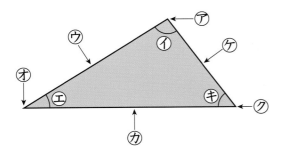

辺 （　　　　　　　　　　　）

角 （　　　　　　　　　　　）

頂点 （　　　　　　　　　　　）

🔍 よくみて

2 次の三角じょうぎの角あ、い、うを、大きい角からじゅんに答えましょう。

教科書 197 ページ **1**

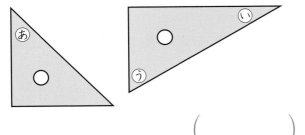

（　　　　　）→（　　　　　）→（　　　　　）

3 次の図で、同じ大きさの角はどれですか。　　教科書 198 ページ **2**

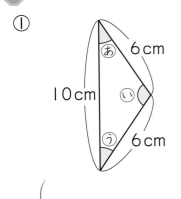

①　あ 6cm　10cm　い　6cm う

②　あ　10cm　10cm　い　う　5cm

③　あ　7cm　7cm　い　う　7cm

（　　　　　）　（　　　　　）　（　　　　　）

4 右のもようは、どんな三角形をしきつめるとできますか。

教科書 199 ページ **1**

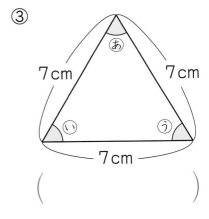

（　　　　　　　　　　　）

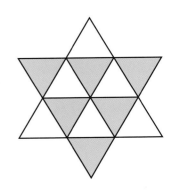

● ヒント　❹ 小さい三角形はどんな三角形かを考えます。

⑭ 三角形と角

教科書 190〜201 ページ　答え 26 ページ

知識・技能 ／40点

1 □ にあてはまる数を書きましょう。 1つ5点(20点)

① 二等辺三角形は、□つの辺の長さが等しく、□つの角の大きさが等しい三角形です。

② 正三角形は、□つの辺の長さが等しく、□つの角の大きさが等しい三角形です。

2 よく出る 次の三角形をかきましょう。また、かいた三角形は何という三角形ですか。 1つ5点(20点)

① 辺の長さが5cm、6cm、5cmの三角形

② どの辺の長さも5cmの三角形

(　　　　　)　　　(　　　　　)

思考・判断・表現 ／60点

3 アの点、イの点を中心にして、右のような2つの円をかきました。 1つ6点(12点)

① ア、イ、ウの点をむすぶと、何という三角形ができますか。

(　　　　　)

② イ、ウ、エの点をむすぶと、何という三角形ができますか。

(　　　　　)

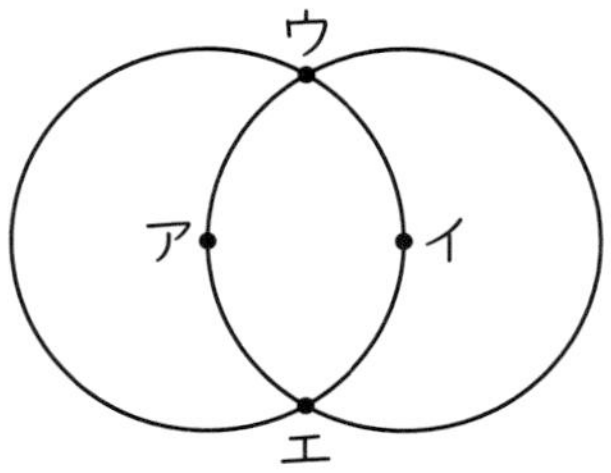

4 右の図のように、三角じょうぎを重ねました。

1つ5点(20点)

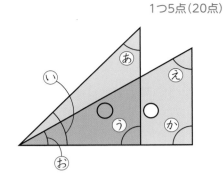

① 次の角と大きさが等しい角はどれですか。

　　　　　　　　あの角 （　　　　　　　　）

　　　　　　　　うの角 （　　　　　　　　）

② いの角とおの角では、どちらが大きい角ですか。

（　　　　　　　　）

③ おの角とえの角では、どちらが大きい角ですか。

（　　　　　　　　）

できたらスゴイ!

5 下の図のように、正方形のおり紙を2つおりにして重ねました。点線のところをはさみで切って開きます。

1つ7点(28点)

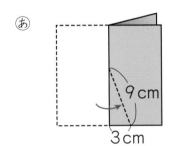

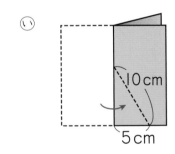

① このときにできるあの三角形の3つの辺の長さは、それぞれ何cmですか。また、この三角形は何という三角形ですか。

　　　　　　　辺の長さ （　　　　　　　　　　　　　　　）

　　　　　　　　　　　　三角形 （　　　　　　　　）

② このときにできるいの三角形の3つの辺の長さは、それぞれ何cmですか。また、この三角形は何という三角形ですか。

　　　　　　　辺の長さ （　　　　　　　　　　　　　　　）

　　　　　　　　　　　　三角形 （　　　　　　　　）

ふりかえり ① がわからないときは、80ページの **1** にもどってかくにんしてみよう。

⑮ 重さの単位
① グラム
② はかり－1

✏️ 次の ⬜ にあてはまる数を書きましょう。

🎯 ねらい **重さの単位(g、kg)をおぼえよう。**　　練習 ①②→

🐾 **グラムとキログラム**

　重さの単位には、g(グラム)や kg(キログラム)があります。

　1円玉1こ分の重さは1g です。

　　1kg＝1000g

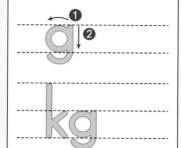

1 1円玉 40 この重さは、何 g ですか。

とき方 1円玉1この重さは ① ⬜ g なので、1円玉 40 こでは、② ⬜ g になります。

2 3kg 200g は、何 g ですか。

とき方 1kg＝① ⬜ g なので、3kg＝② ⬜ g です。

　だから、3kg200g は 3000g と 200g を合わせて、③ ⬜ g です。

🎯 ねらい **はかりの目もりが読めるようにしよう。**　　練習 ③④→

🐾 **目もりの読み方**

　重さは、**はかり**を使ってはかります。

　一番小さい目もりは何 g を表しているかに気をつけましょう。

⑦
1目もり5g

⑦
1目もり10g

⑦
1目もり20g

3 上の⑦、⑦、⑦のはかりのはりがさしている目もりを読みましょう。

とき方 1目もりが何 g を表すかに気をつけて、目もりを読みます。

⑦ ⬜ g　　　　　⑦ ⬜ g　　　　　⑦ ⬜ g

教科書 204〜211 ページ ▷ 答え 27 ページ

1 □ にあてはまる数を書きましょう。　　教科書 210ページ **3**

① 2 kg = [　　　　] g

② 1750 g = [　　　　] kg [　　　　] g

！まちがい注意

2 重いじゅんに記号を書きましょう。　　教科書 210ページ **3**

㋐ 3200 g 　　　　㋑ 2 kg 900 g 　　　　㋒ 3 kg

（　　　　　　　　　　　　　　　）

3 はりがさしている目もりを読みましょう。　　教科書 208ページ **1**、210ページ **3**

①　　　　　　　　②　　　　　　　③

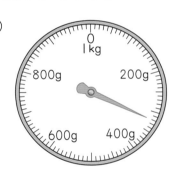

（　　　　　　）　（　　　　　　）　（　　　　　　）

4 右のはかりを見て答えましょう。　　教科書 210ページ **3**

① このはかりは何 kg まではかれますか。

（　　　　　　　　　　　　）

② 一番小さい目もりは、何 g を表していますか。

（　　　　　　　　　　　　）

③ はりがさしている目もりは、何 kg 何 g ですか。

（　　　　　　　　　　　　）

●ヒント ② くらべるときは、単位をそろえてくらべます。3200 g を kg と g になおして表してみましょう。

87

⏰

② はかり－2
③ トン　④ 単位のしくみ

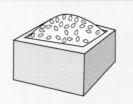
教科書　212～214ページ　答え　27ページ

✏️ 次の □ にあてはまる数を書きましょう。

◎ねらい **重さをくふうしてはかろう。**　練習 ① ② →

🐾 **はかり方のくふう**

　入れ物の重さと、その入れ物に米を入れた重さをそれぞれはかりました。

（全体の重さ）－（入れ物の重さ）＝（米の重さ）になります。

1 こうたさんの体重は 30kg です。犬をだいてはかったら、36kg になりました。犬の体重は何 kg ですか。

はかりにのせるのがむずかしいものは、くふうしてはかろう。

とき方 犬をだいてはかった体重から、こうたさんの体重をひいたものが、犬の体重になります。

① □ －② □ ＝③ □　　答え ④ □ kg

◎ねらい **大きな重さの単位をおぼえよう。**　練習 ③ →

🐾 **大きな重さの単位（t）**

　重さの単位には g、kg の他に t（トン）があります。1t＝1000kg です。

はってん 小さな重さの単位には mg があり、ミリグラムと読みます。1g＝1000mg です。

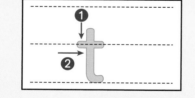

2 (1) 5t＝ □ kg　　(2) 7000 kg＝ □ t

(3) 2000 mg＝ □ g

◎ねらい **長さ、かさ、重さの単位のしくみをおぼえよう。**　練習 ④ →

🐾 **単位のしくみ**

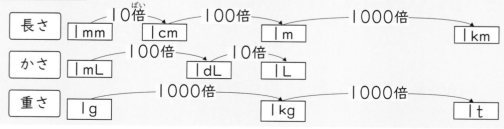

| 長さ | 1mm | 10倍 | 1cm | 100倍 | 1m | 1000倍 | 1km |

| かさ | 1mL | 100倍 | 1dL | 10倍 | 1L |

| 重さ | 1g | 1000倍 | 1kg | 1000倍 | 1t |

3 (1) 1km＝ □ m　(2) 1L＝ □ mL　(3) 1t＝ □ kg

ぴったり 2
練習

学習日
月　　日

★ できた問題には、「た」を書こう！★
でき 1　でき 2　でき 3　でき 4

教科書　212〜214ページ　　答え　28ページ

1 重さ 270 g の入れ物に、くだものを 600 g 入れました。全体の重さは、
何 g になりますか。　　　　　　　　　　　　教科書　212ページ 5

式

答え（　　　　　　　　）

2 あかりさんの体重は、25 kg です。ランドセルをせおってはかったら、28 kg
でした。このランドセルの重さは、何 kg ですか。　　教科書　212ページ 5

式

答え（　　　　　　　　）

3 ◻ にあてはまる数を書きましょう。　　　　教科書　213ページ 1

① 7t = ◻ kg

② 4000 kg = ◻ t

③ 1500 kg = ◻ t ◻ kg

④ 3t 200 kg = ◻ kg

! まちがい注意

4 ◻ にあてはまる数を書きましょう。　　　　教科書　214ページ 1

① 1 g ——◻ 倍——→ 1 kg ——◻ 倍——→ 1 t

② 1 mm ——◻ 倍——→ 1 cm ——◻ 倍——→ 1 m ——◻ 倍——→ 1 km

③ 1 mL ——◻ 倍——→ 1 dL ——◻ 倍——→ 1 L

● ヒント　② ランドセルをせおってはかると、ランドセルの分だけ重くなります。ランドセルをせおった
重さから、体重をひきましょう。

89

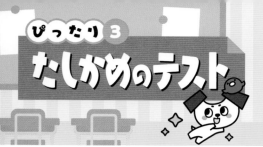

⑮ 重さの単位

時間 30分　／100　ごうかく 80点

教科書 204〜216ページ　答え 28ページ

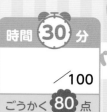

知識・技能　／70点

1 （　　）にあてはまる重さの単位を書きましょう。　1つ3点(9点)

① かずとさんの体重　29（　　　）

② りんご１この重さ　350（　　　）

③ トラックの重さ　10（　　　）

2 □の中の重さを、重いじゅんに書きましょう。　(3点)

2kg　2300g　2kg100g　240g

（　　　　　　　　　　）

3 よく出る □にあてはまる数を書きましょう。　1つ3点(12点)

① 8kg＝□g　② 5000g＝□kg

③ 2t＝□kg　④ 9000kg＝□t

4 □にあてはまる数を書きましょう。　1つ4点(16点)

① 1g —1000倍→ 1kg —□倍→ 1t

② 1mm —□倍→ 1cm —100倍→ 1m —□倍→ 1km

③ 1mL —100倍→ 1dL —□倍→ 1L

5 よく出る 下のはかりを見て、問題に答えましょう。

1つ5点（30点）

① それぞれのはかりの一番小さい目もりは、何gを表していますか。

⑦ （　　　　　　　　） ⑦ （　　　　　　　　） ⑦ （　　　　　　　　）

② それぞれのはかりのはりがさしている目もりを読みましょう。

⑦ （　　　　　　　　） ⑦ （　　　　　　　　） ⑦ （　　　　　　　　）

思考・判断・表現　　　　　　　　　　　　　　　　　　　　　／30点

6 重さが250gのかごがあります。

式・答え 1つ5点（20点）

① このかごの中に1こ760gのメロンを入れると、全体の重さは何kg何gになりますか。

式

答え （　　　　　　　　）

② このかごの中にりんごを1こ入れて、全体の重さをはかると400gでした。りんご1この重さは何gですか。

式

答え （　　　　　　　　）

できたらスゴイ！

7 重さ80gの箱に、同じ重さのボールを3こ入れて重さをはかったら、170gでした。
　ボール1この重さは何gですか。

式・答え 1つ5点（10点）

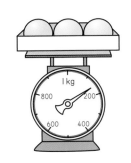

式

答え （　　　　　　　　）

ふりかえり 🐼 ❶がわからないときは、86ページの**1**、88ページの**2**にもどってかくにんしてみよう。

16 □を使った式

① たし算とひき算

📖 教科書　221〜224 ページ　⇥答え　29 ページ

✏️ 次の □ にあてはまる数を書きましょう。

◎ねらい　□を使ったたし算の□をもとめられるようにしよう。　練習 ①③→

🐾 □を使ったたし算

「教室に 16 人いました。何人か入ってきて、全部で 24 人になりました。」

このことを、あとから入ってきた人数を□人とすると、式は、

16＋□＝24 となります。

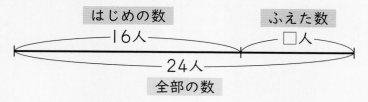

はじめの数　―16人―
ふえた数　□人
―24人―
全部の数

わからない数を
□として式に
表してみよう。

16＋□＝24 ⟶ 24－16＝8　　答え　8人

1 りんごが 8 こありました。何こかもらったので、全部で 15 こになりました。

(1) このことを、あとからもらったりんごの数を□ことして、式に表しましょう。

(2) □にあてはまる数をもとめましょう。

とき方 (1) はじめにあった 8 こに□をたすと、15 こになるので、式に表すと、

　　　　　 ＋□＝15 となります。

(2) 8＋□＝15 ⟶ ① ｜ －8＝ ② ｜ □にあてはまる数は ③ ｜ です。

◎ねらい　□を使ったひき算の□をもとめられるようにしよう。　練習 ②③→

🐾 □を使ったひき算

「色紙が何まいかありました。7 まいあげると、
のこりが 18 まいになりました。」

このことを、はじめにあった色紙を□まいと
すると、式は、□－7＝18 となります。

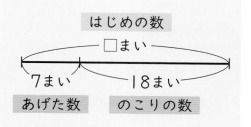

はじめの数
―□まい―
7まい　　18まい
あげた数　のこりの数

　□－7＝18 ⟶ 18＋7＝25　答え　25 まい

2 □－30＝25 の式の□にあてはまる数をもとめましょう。

とき方 □－30＝25 ⟶ 25＋ ① ｜ ＝ ② ｜
だから、□にあてはまる数は ③ ｜ です。

教科書 221〜224 ページ　答え　29 ページ

1 重さ 300 g のかごの中に、くだものを入れて重さをはかったら、1100 g でした。

教科書 221 ページ **1**

① このことを、くだものの重さを□ g として、式に表しましょう。

（　　　　　　　　　　　　）

② 次の図の □ にあてはまる数を書きましょう。

③ □ にあてはまる数をもとめて、くだものの重さを答えましょう。

式

答え（　　　　　　　　　）

よくよんで

2 けんたさんは、何円か持って買い物に行きました。130 円のノートを買ったので、のこりのお金が 210 円になりました。

教科書 223 ページ **2**

① このことを、はじめに持っていたお金を□円として、式に表しましょう。

（　　　　　　　　　　　　）

② □ にあてはまる数をもとめて、はじめに持っていたお金を答えましょう。

式

答え（　　　　　　　　　）

3 □ にあてはまる数をもとめましょう。

教科書 221 ページ **1**、223 ページ **2**

① □＋21＝46

② □−18＝21

（　　　　　　　）　　　　　　　（　　　　　　　）

ヒント ② （はじめに持っていたお金）−（使ったお金）＝（のこりのお金）になるような式をつくりましょう。

教科書 225〜227ページ　答え 30ページ

✏ 次の □ にあてはまる数を書きましょう。

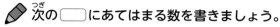

◎ねらい □を使ったかけ算の□をもとめられるようにしよう。　練習 ① ③ →

🐾 □を使ったかけ算

「同じねだんのガムを 7 こ買ったら、代金は 56 円でした。」

このことを、ガム 1 このねだんを□円とすると、式は、

□×7＝56 となります。

図に表すと
わかりやすいね。

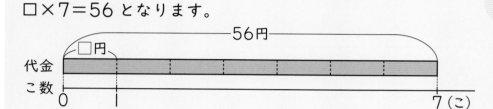

代金
こ数
0　1　　　　　　　　　　　7（こ）
—————56円—————
□円

□×7＝56　⟶　56÷7＝8　　　答え　8円

1　1 こ 6 g のビー玉が何こかあります。このビー玉全部の重さをはかったら、42 g でした。

⑴　このことを、全部のビー玉の数を□ことして、式に表しましょう。

⑵　□にあてはまる数をもとめましょう。

とき方 ⑴　6 g の□こ分が 42 g なので、□□□□ ×□＝42 と表せます。

⑵　6×□＝42　⟶　①□□□ ÷6＝②□□□

だから、□にあてはまる数は ③□□□ です。

◎ねらい □を使ったわり算の□をもとめられるようにしよう。　練習 ② ③ →

🐾 □を使ったわり算

「何こかあったあめを 4 人で分けたら、ちょうど 1 人 6 こずつになりました。」

このことを、はじめにあったあめを□ことすると、式は、

□÷4＝6 となります。

□÷4＝6　⟶　6×4＝24　　　答え　24 こ

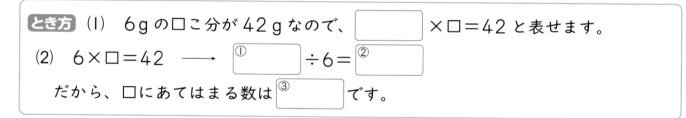

2　□÷5＝9 の式の□にあてはまる数をもとめましょう。

とき方 □÷5＝9　⟶　9×①□□□ ＝②□□□

だから、□にあてはまる数は ③□□□ です。

教科書　225〜227 ページ　　答え　30 ページ

1　１まい８円の画用紙を何まいか買ったら、代金は 48 円でした。

教科書　225 ページ **1**

①　このことを、画用紙のまい数を□まいとして、式に表しましょう。

（　　　　　　　　　　　　）

🔍 よくみて

②　次の図の　□　にあてはまる数を書きましょう。

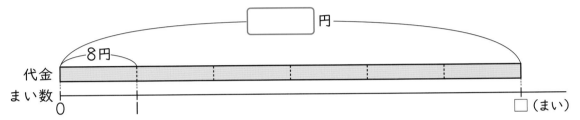

③　□にあてはまる数をもとめて、画用紙のまい数を答えましょう。

式

答え（　　　　　　　　　）

2　何さつかあったノートを３人で分けたら、ちょうど１人５さつずつになりました。

教科書　226 ページ **2**

①　このことを、はじめにあったノートの数を□さつとして、式に表しましょう。

（　　　　　　　　　　　　）

②　□にあてはまる数をもとめて、はじめにあったノートの数を答えましょう。

式

答え（　　　　　　　　　）

⚠ まちがい注意

3　□にあてはまる数をもとめましょう。

教科書　225 ページ **1**、226 ページ **2**

①　$\square \times 6 = 54$　　　　　　　②　$\square \div 4 = 7$

（　　　　　　）　　　　　　　（　　　　　　）

ヒント　② （はじめにあったノートの数）÷（分けた人数）＝（１人分の数）となるような
式をつくりましょう。

95

⑯ □を使った式

教科書 221〜228 ページ 答え 31 ページ

知識・技能 /48点

1 よく出る □にあてはまる数をもとめましょう。 1つ4点(24点)

① 39+□=72 ② 48+□=91 ③ □+25=64

( ) ( ) ( )

④ □−17=26 ⑤ □−8=32 ⑥ □−69=15

( ) ( ) ( )

2 よく出る □にあてはまる数をもとめましょう。 1つ4点(24点)

① □×9=45 ② □×8=32 ③ 7×□=49

( ) ( ) ( )

④ □÷5=7 ⑤ □÷6=9 ⑥ □÷8=6

( ) ( ) ( )

思考・判断・表現 /52点

3 みなこさんは、おはじきを 14 こ持っていました。お姉さんから何こかもらったので、おはじきは全部で 23 こになりました。
式・答え 1つ4点(12点)

① もらったおはじきの数を□ことして、式に表しましょう。

( )

② □にあてはまる数をもとめて、もらったおはじきの数を答えましょう。

式

答え ( )

4 シールが何まいかあります。8まい使^{つか}ったので、のこりは17まいになりました。

式・答え 1つ4点(12点)

① さいしょにあったシールのまい数を□まいとして、式に表しましょう。

（　　　　　　　　　　　　　）

② □にあてはまる数をもとめて、さいしょにあったシールのまい数を答えましょう。

式

答え（　　　　　　　　　）

5 同じ重^{おも}さのおはじきが8こあります。このおはじき全部の重さをはかったら、24gでした。

式・答え 1つ4点(12点)

① おはじき1この重さを□gとして、式に表しましょう。

（　　　　　　　　　　　　　）

② □にあてはまる数をもとめて、おはじき1この重さを答えましょう。

式

答え（　　　　　　　　　）

できたらスゴイ！

6 いちごを同じ数ずつ、6まいのお皿^{さら}に分けたら、1皿に5こずつになりました。

①6点　②式・答え 1つ5点(16点)

① 全部のいちごの数を□ことして、式に表しましょう。

（　　　　　　　　　　　　　）

② □にあてはまる数をもとめて、全部のいちごの数を答えましょう。

式

答え（　　　　　　　　　）

ふりかえり 　❶がわからないときは、92ページの**1** **2**にもどってかくにんしてみよう。

✎ 次の □ にあてはまる数を書きましょう。

◎ねらい　（1けた）×（何十）のかけ算のしかたを理かいしよう。　練習 ①②→

🐾（1けた）×（何十）のかけ算のしかた

3×40 の答えは、3×4 の答えの 10 倍で、
12 の右に 0 を 1 こつけた数になります。

$$3×40=3×4×10$$
$$=12×10$$
$$=120$$

1 計算をしましょう。

(1) 5×60

(2) 8×70

とき方 (1) 5×60=5×□① ×10　(2) 8×70=8×□① ×10

　　　　　=□② ×10　　　　　　　　=□② ×10

　　　　　=□③　　　　　　　　　　=□③

◎ねらい　（2けた・3けた）×（何十）のかけ算ができるようにしよう。　練習 ①③→

🐾（2けた・3けた）×（何十）のかけ算のしかた

14×20 の答えは、14×2 の答えの 10 倍で、
28 の右に 0 を 1 こつけた数になります。

$$14×20=14×2×10$$
$$=28×10$$
$$=280$$

 340×20 の計算は、
340×2 の答えの 10 倍と
考えるよ。

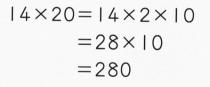

$$340×20=340×2×10$$
$$=680×10$$
$$=6800$$

2 計算をしましょう。

(1) 12×30

(2) 240×20

とき方 (1) 12×30=12×□① ×10　(2) 240×20=240×□① ×10

　　　　　=□② ×10　　　　　　　　=□② ×10

　　　　　=□③　　　　　　　　　　=□③

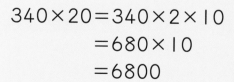

ぴったり 2

練習

★ できた問題には、「た」を書こう！ ★

でき 1　でき 2　でき 3

学習日　　月　　日

教科書 230〜232 ページ　答え 33 ページ

1 □にあてはまる数を書きましょう。

教科書 231 ページ **1**

① 3×30

= 3 × □ × 10

= □ × 10

= □

② 5×70

= 5 × □ × 10

= □ × 10

= □

③ 21×30

= 21 × □ × 10

= □ × 10

= □

④ 44×20

= 44 × □ × 10

= □ × 10

= □

2 計算をしましょう。

教科書 231 ページ **1**

①　4×20　　②　2×30　　③　7×90

④　9×40　　⑤　8×50　　⑥　5×40

！ まちがい注意

3 計算をしましょう。

教科書 231 ページ **1**

①　43×20　　②　32×30　　③　22×40

④　130×20　　⑤　210×40　　⑥　330×30

ヒント　3 ⑥　330×30 は、330×3×10 と考えます。0 の数に気をつけましょう。

② 2けたの数をかける計算

📖 教科書　233〜236ページ　⏎ 答え　33ページ

✏ 次の ◯ にあてはまる数を書きましょう。

🐾 ねらい　(2けた)×(2けた)の筆算ができるようにしよう。　練習 ①②→

(2けた)×(2けた)の筆算のしかた

32×43 の筆算

かける数の一の位の数を、
かけられる数にかける。

→

8を書く位に
気をつける。

かける数の十の位の数を、
かけられる数にかける。

→

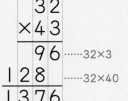

……32×3

……32×40

さいごに、たし算をする。

1 73×45 を筆算で計算しましょう。

とき方

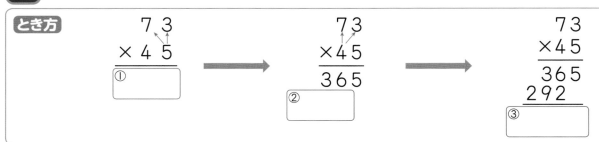

```
  7 3
× 4 5
───────
 ①
```
→
```
  7 3
× 4 5
───────
 3 6 5
 ②
```
→
```
  7 3
× 4 5
───────
 3 6 5
 2 9 2
 ③
```

🐾 ねらい　(3けた)×(2けた)の筆算ができるようにしよう。　練習 ③④⑤→

(3けた)×(2けた)の筆算のしかた

486×34 の筆算

```
  4 8 6
×   3 4
─────────
1 9 4 4
```
→
```
  4 8 6
×   3 4
─────────
1 9 4 4
1 4 5 8
```
→
```
  4 8 6
×   3 4
─────────
1 9 4 4  ……486×4
1 4 5 8  ……486×30
─────────
1 6 5 2 4
```

(2けた)×(2けた)の筆算
と同じように、かける数の
一の位の数からかけられる
数にかけていき、さいごに
たすよ。

2 304×49 を筆算で計算しましょう。

とき方

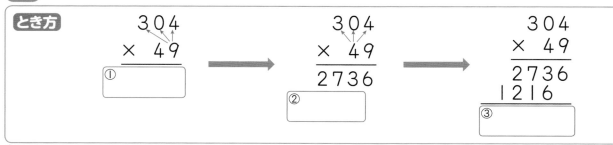

```
  3 0 4
×   4 9
─────────
 ①
```
→
```
  3 0 4
×   4 9
─────────
2 7 3 6
 ②
```
→
```
  3 0 4
×   4 9
─────────
2 7 3 6
1 2 1 6
 ③
```

ぴったり 2
練習

学習日　　月　　日

★ できた問題には、「た」を書こう！★
でき 1　でき 2　でき 3　でき 4　でき 5

教科書 233～236 ページ　　答え 33 ページ

1 計算をしましょう。　　教科書 233 ページ **1**

① 31
　×22

② 23
　×32

③ 14
　×56

④ 45
　×22

2 計算をしましょう。　　教科書 235 ページ **2**

① 54
　×26

② 88
　×39

③ 92
　×15

④ 41
　×62

3 計算をしましょう。　　教科書 236 ページ **3**

① 124
　× 32

② 130
　× 23

③ 243
　× 87

④ 468
　× 65

！まちがい注意

4 筆算で計算しましょう。　　教科書 236 ページ **3**

① 156×46　　② 473×38　　③ 809×23

5 1箱 365 円のクッキーを 24 箱買います。代金は何円ですか。

教科書 236 ページ **3**

式

答え（　　　　　　　）

ヒント　**4** ③　809×23 の計算のとき、809 の十の位が 0 であることに気をつけましょう。

17 2けたの数をかける計算

③ **計算のきまり**
④ **計算のくふう**

教科書　237〜239 ページ　　答え　34 ページ

✏️ 次の◯◯にあてはまる数を書きましょう。

◎ **ねらい**　計算のきまりを使って計算できるようにしよう。　　練習 ①→

🐾 **かけ算のきまり**

かけ算では、かける数を 10 倍すると、
答えも 10 倍になります。

$$4 \times 2 = 8$$
$$\underset{10倍↓}{} \qquad \underset{↓10倍}{}$$
$$4 \times 20 = 80$$

1 5×9＝45 をもとにして計算しましょう。

(1) 5×90　　　　　　　　　　　　　　(2) 500×9

とき方 (1)　90 は 9 の ◯① 倍だから、答えも ◯② 倍になるので、

5×90＝◯③

(2)　500 は 5 の ◯① 倍だから、答えも ◯② 倍になるので、

500×9＝◯③

◎ **ねらい**　かけ算のきまりを使って、くふうして計算できるようにしよう。　練習 ②③④→

🐾 **（2 けた、3 けた）×何十**

36×80 の筆算

```
  36              36
×80     →      ×80
   0            2880
```
一の位に0を書く。　　　36×8 を計算する。

🐾 **計算のくふう**

13×5×6＝13×30　　← 5×6 を先に計算してから、
　　　　＝390　　　　　　13 にかけます。

🐾 **かける数とかけられる数の入れかえ**

6×47 の筆算

```
    6                    47
 ×47       →         ×  6
   42                  282
   24
  282
```
かける数とかけられる数
を入れかえて計算する。

かける数とかけられる数を入れかえて計算しても、答えは同じだね。

2 7×38 をくふうして計算しましょう。

とき方　かける数とかけられる数を入れかえて計算しても
答えは同じだから、38×7 を計算します。

```
   38
×   7
```

3 4×7×25 をくふうして計算しましょう。

とき方　4×25 を先に計算します。　4×7×25＝7×◯① ＝◯②

102

練習

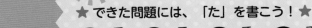

教科書 237〜239 ページ　答え 34 ページ

1 8×3＝24 をもとにして、計算しましょう。　教科書 237ページ **1**

① 8×30　　　② 800×3　　　③ 800×30

2 計算をしましょう。　教科書 238ページ **1**

① 39 ×20　② 48 ×50　③ 721 × 30　④ 458 × 40

3 くふうして筆算で計算しましょう。　教科書 238ページ **2**

① 7×39　② 5×27　③ 80×19　④ 70×58

4 くふうして計算しましょう。　教科書 239ページ **3**

① 17×5×6　② 32×4×5

③ 25×18×4　④ 20×23×5

● ヒント　④ 5のだんの九九は、答えが何十になることが多いので、そのことを使って、計算しましょう。

103

⑰ 2けたの数をかける計算

知識・技能 ／84点

1 ◯にあてはまる数を書きましょう。 1つ4点(16点)

① 6×40の答えは、6×4の答えの ◯ 倍で、24の右に ◯ を1こつけた数です。

② 78×43の答えは、78×3と78× ◯ の答えを合わせた数です。

③ 289× ◯ の答えは、289×8と289×20の答えを合わせた数です。

2 計算のまちがいを見つけて、正しい計算を◯の中に書きましょう。 1つ4点(8点)

①
```
    35
  × 64
   140
   210
   350
```

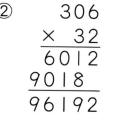

②
```
   306
  ×  32
   6012
   9018
  96192
```

3 計算をしましょう。 1つ4点(24点)

① 5×50

② 12×30

③ 32×20

④ 220×30

⑤ 130×30

⑥ 140×20

4 よく出る 筆算で計算しましょう。　　　　　　　　　　　　　　1つ4点(24点)

① 31×42　　　　　② 68×34　　　　　③ 34×93

④ 421×63　　　　⑤ 602×25　　　　⑥ 32×900

5 くふうして筆算で計算しましょう。　　　　　　　　　　　　1つ4点(12点)

① 8×41　　　　　② 9×28　　　　　③ 80×39

思考・判断・表現　　　　　　　　　　　　　　　　　　　　　　／16点

6 よく出る くふうして計算しましょう。　　　　　　　　　　1つ4点(8点)

① 19×4×5　　　　　　　　② 25×27×4

できたらスゴイ!

7 1本の長さが15cmのテープがあります。のりしろを1cmとって、12本をはり合わせると、全体の長さは何cmになりますか。　　　　式・答え 1つ4点(8点)

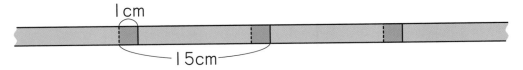
1cm
15cm

式

答え（　　　　　　　　　　）

ふりかえり 🐼 ❶がわからないときは、98ページの❶、100ページの❶❷にもどってかくにんしてみよう。

ふろくの「計算せんもんドリル」34〜40もやってみよう!

18 倍とかけ算、わり算

① 倍とかけ算、わり算

教科書 242〜244ページ 答え 36ページ

✏ 次の □ にあてはまる数を書きましょう。

◎ねらい かけ算を使って、何倍かした大きさをもとめられるようにしよう。 練習 ①➡

🐾 もとにする大きさ

何倍かした大きさをもとめる計算は、もとにする大きさから考えます。

青のテープの長さは 20cm です。黄色のテープの長さは、青のテープの長さの 4 倍です。黄色のテープの長さは何 cm ですか。

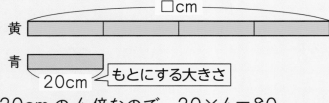

このときの 20cm を「もとにする大きさ」というよ。

20cm の 4 倍なので 20×4＝80　　答え 80cm

1 白のテープの長さは 4cm です。赤のテープの長さは、白のテープの長さの 3 倍です。赤のテープの長さは何 cm ですか。

とき方 もとにする大きさは白のテープの長さ ① [　] cm で、赤のテープの長さはその 3 倍なので、② [　] ×3＝ ③ [　] (cm)です。

◎ねらい わり算を使って、何倍かがもとめられるようにしよう。 練習 ②③④➡

🐾 何倍のもとめ方

何倍になっているかをもとめるときは、わり算を使います。

カードを、こうたさんは 6 まい、お兄さんは 18 まい持っています。お兄さんは、こうたさんの何倍の数のカードを持っていますか。

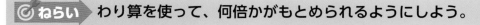

図に表すとわかりやすいね。

6×□＝18 の□にあてはまる数なので、18÷6＝3　　答え 3 倍

2 20 m のリボンは、5m のリボンの何倍の長さですか。

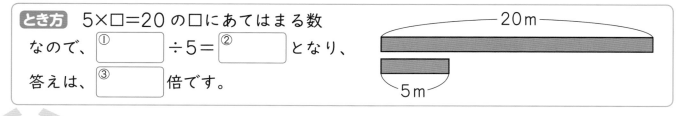

とき方 5×□＝20 の□にあてはまる数なので、① [　] ÷5＝ ② [　] となり、答えは、③ [　] 倍です。

ぴったり2
練習

★ できた問題には、「た」を書こう！★
でき ① でき ② でき ③ でき ④

教科書 242〜244 ページ | 答え 36 ページ

1 小さい水とうに、お茶が 250mL 入っています。大きい水とうに入っているお茶は、小さい水とうの 3 倍です。大きい水とうには何 mL のお茶が入っていますか。

教科書 242 ページ **1**

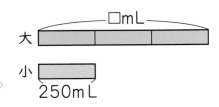

式

答え （ 　　　　　　　　 ）

2 あかねさんは本を9ページ、お姉さんは 27 ページ読みました。お姉さんの読んだページはあかねさんの読んだページの何倍ですか。

教科書 243 ページ **2**

式

答え （ 　　　　　　　　 ）

3 赤いテープが 32 cm、青いテープが8cm あります。赤いテープの長さは、青いテープの長さの何倍ですか。

教科書 243 ページ **2**

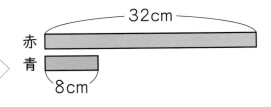

式

答え （ 　　　　　　　　 ）

4 赤いリボンの長さは 30cm です。これは、青いリボンの長さの 6 倍です。青いリボンの長さは何 cm ですか。

教科書 244 ページ **3**

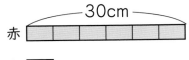

青の長さをもとにすると、赤の長さは6倍だね。

式

答え （ 　　　　　　 ）

ヒント **2 3** 何倍かをもとめるのは、いくつ分をもとめるときと同じ考えだから、わり算が使えます。

この本の終わりにある「春のチャレンジテスト」をやってみよう！

★ そろばん

📖 教科書 246〜248 ページ 　➡ 答え 36 ページ

✏️ 次の ☐ にあてはまる数を書きましょう。

◎ねらい　そろばんが使えるようになろう。　　　　　　　　練習 ①→

🐾 そろばんのしくみ

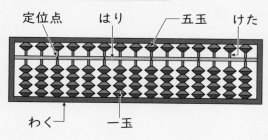

定位点　　はり　　五玉　　けた

わく　　一玉

☆ 一玉 | こで | を表し、五玉 | こで5を表します。

☆ 定位点のうちの | つを一の位とし、左へじゅんに、十の位、百の位、千の位、一万の位、…となります。

☆ 定位点の | つ右の位は、$\frac{1}{10}$ の位になります。

1 そろばんにおいた数を数字で書きましょう。

(1) 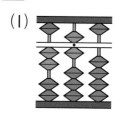　(2) 一の位↓ 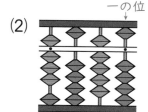　(3) 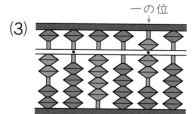　(4) 一の位↓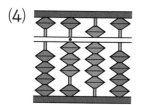

とき方　一玉の | つは | を表し、五玉の | つは5を表します。また、定位点のあるけたが一の位です。

(1) ☐　　(2) ☐　　(3) ☐　　(4) ☐

◎ねらい　そろばんでたし算とひき算ができるようにしよう。　　練習 ②③④→

🐾 たし算とひき算

(れい)　13+71

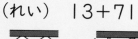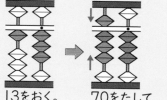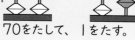

13をおく。　70をたして、 |をたす。

(れい)　74−12

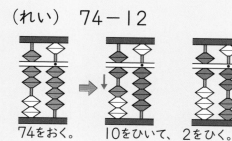

74をおく。　10をひいて、2をひく。

2 そろばんでしましょう。

(1) 26+12　　(2) 3+5　　(3) 82−31　　(4) 10−4

とき方　そろばんは、上の位からじゅんにおいたりはらったりします。

(1) ☐　　(2) ☐　　(3) ☐　　(4) ☐

教科書 246〜248 ページ ▶ 答え 37 ページ

1 そろばんにおかれた数を、数字で書きましょう。　　教科書 246 ページ **1**

①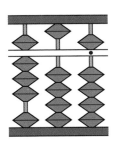

(　　　　　　　　　)

②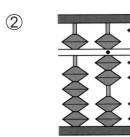

(　　　　　　　　　)

2 そろばんでしましょう。　　教科書 247 ページ **4**、248 ページ **6・8**

① 27＋12

② 23＋52

③ 13＋31

④ 2＋4

⑤ 8＋6

⑥ 3＋9

3 そろばんでしましょう。　　教科書 247 ページ **5**、248 ページ **7・9**

① 47－36

② 53－22

③ 5－3

④ 6－4

⑤ 12－7

⑥ 16－9

！まちがい注意

4 そろばんでしましょう。　　教科書 248 ページ **10**

① 4万＋4万

② 9万－3万

③ 8万－5万

④ 0.5＋0.9

⑤ 0.8－0.4

⑥ 1.1－0.2

❹ヒント　❹ 小数点は、定位点のところと考えます。そろばんで計算するときは位が大きいほうから
計算します。

3年のふくしゅう①

1 □ にあてはまる数を書きましょう。　1つ5点(20点)

① 92700 は、100 を □ こ集めた数です。

② 430 を 10 倍した数は □ で、430 の $\frac{1}{10}$ の数は □ です。

③ 10.6 は、0.1 を □ こ集めた数です。

2 次の数直線で、アが表している数を分数で書きましょう。
また、小数で書きましょう。　1つ5点(10点)

```
0              ア      1
├┬┬┬┬┬┬┬┬┬┤
```

分数 （　　　）　　小数 （　　　）

3 □ にあてはまる等号か不等号を書きましょう。　1つ5点(10点)

① $\frac{3}{10}$ □ 0.4

② 1 □ $\frac{8}{8}$

4 計算をしましょう。　1つ5点(20点)

① 372＋169　② 701−28

③ 807×9　④ 57÷7

5 長さが 4.2 m の赤いテープと、0.9 m の白いテープがあります。
合わせて何 m ですか。　式・答え 1つ5点(10点)

式

答え （　　　）

6 1L あった牛にゅうを、けんたさんは $\frac{2}{5}$ L 飲みました。
牛にゅうは何 L のこっていますか。　式・答え 1つ5点(10点)

式

答え （　　　）

7 おり紙を 1 人に 20 まいずつ、34 人に配ります。
おり紙は全部で何まいいりますか。　式・答え 1つ5点(10点)

式

答え （　　　）

8 1 つの長いすに 5 人ずつすわります。38 人がすわるには、長いすは全部で何台いりますか。　式・答え 1つ5点(10点)

式

答え （　　　）

3年のふくしゅう②

教科書 250〜251 ページ　答え 38 ページ

1 次の時こくから、30分たった時こくは何時何分ですか。　(6点)

朝

（　　　　　　　）

2 （　　）にあてはまる単位を書きましょう。　1つ6点(18点)

① 教科書のあつさ　　6（　　　）

② 車が1時間に走る道のり
　　　　　　　　30（　　　）

③ プールのたての長さ 25（　　　）

3 しょうたさんの家からゆうびん局までの道のりときょりのちがいは、何mですか。　(6点)

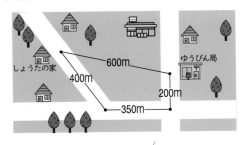

（　　　　　　　）

4 ようへいさんの体重は、どれだけですか。　(7点)

ようへいさんの体重　（　　　　　　）

5 次の図のように、ボールが6こすき間なく箱に入っています。
　1つ7点(14点)

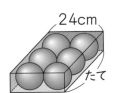

① このボールの半径は、何cmですか。

（　　　　　　　）

② 箱のたての長さは何cmですか。　（　　　　　　）

6 半径4cmの円をかきました。
　1つ7点(21点)

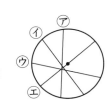

① いちばん長い直線はどれですか。

（　　　　　　　）

② ①の直線を何といいますか。　（　　　　　　）

③ ①の直線の長さは何cmですか。

（　　　　　　　）

7 次の三角形をかきましょう。また、かいた三角形は何という三角形ですか。
　1つ7点(28点)

① 辺の長さが 2cm、4cm、4cmの三角形	② どの辺の長さも3cmの三角形

（　　　　　　）　（　　　　　　）

3年のふくしゅう③

1 □にあてはまる数を書きましょう。　　1つ10点(20点)

① 8×3＝3×□

② 72×□ の答えは、72×3 と 72×20 の答えを合わせた数です。

2 くふうして計算しましょう。(10点)

25×9×4

3 同じねだんのガムを6こ買ったら、代金は48円でした。このガム1このねだんは何円ですか。　　全部できて 1つ10点(30点)

① 次の図のアに、あてはまる数を書きましょう。

② ガム1このねだんを□円として、かけ算の式に表しましょう。

（　　　　　　　　　　）

③ □にあてはまる数をもとめて、ガム1このねだんを答えましょう。

式

答え（　　　　　　　）

4 下の表は、えみさんの学校で、ある週にけがをした人の数とけがをした場所を調べてまとめたものです。この表を見て答えましょう。

全部できて 1つ10点(40点)

場所＼学年	1年	2年	3年	4年	5年	6年	合計
校庭	6	3	2	3	7	5	26
体育館	0	2	1	3	0	2	8
階だん	2	0	0	ア	0	0	3
ろうか	3	1	2	2	0	2	10
教室	2	3	1	2	2	3	13
合計	13	9	6	11	9	12	イ

① 3年生で、校庭でけがをした人は何人ですか。

（　　　　　　　　　　）

② 表のア、イにあてはまる数を書きましょう。

ア（　　　　　　　）　イ（　　　　　　　）

③ 学校全体での場所ごとのけがをした人数を、ぼうグラフで表しましょう。

けがをした場所調べ

（人）

30

20

10

0

校庭　体育館　階だん　ろうか　教室

大日本図書版・小学算数3年

夏のチャレンジテスト

教科書 16～114ページ

時間 40分

ごうかく80点 /100

答え41ページ

月 日

名前

知識・技能 /54点

1 □にあてはまる数を書きましょう。 1つ3点(12点)

① 4×6の答えは、4×5の答えより □ 大きい。

② 8×6の答えは、8×7の答えより □ 小さい。

③ 3×5＝5× □

④ 6×8の答えは、6×3と6×□ を合わせた数です。

4 計算をしましょう。 1つ3点(6点)

① 6274
　＋1728

② 　4006
　－　78

5 かけ算をしましょう。 1つ3点(6点)

① 2×0

② 10×10

6 わり算をしましょう。 1つ3点(18点)

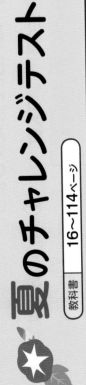

(切り取り線)

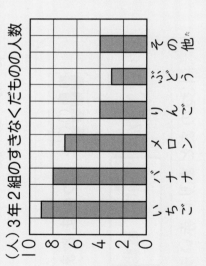

① 1分20秒（びょう）＝ □ 秒

② 70秒 ＝ □ 分 □ 秒

② 21÷3

③ 0÷5

④ 7÷7

⑤ 47÷8

⑥ 31÷4

3 右のぼうグラフを見て答えましょう。
1つ3点(6点)

① 1目もりは何人を表（あらわ）していますか。
（ ）

② メロンがすきな人は何人いますか。
（ ）

(人) 3年2組のすきなくだものの人数

10
8
6
4
2
0
いちご　バナナ　メロン　りんご　ぶどう　その他

春のチャレンジテスト

教科書 204〜245ページ

答え46ページ

時間 **40**分

ごうかく80点 ／100

名前

月　日

知識・技能

／54点

1 □にあてはまる数を書きましょう。

1つ3点(9点)

① 3×70の答えは、3×7の答えの □ 倍

で、21の右に □ を1こつけた数です。

② 42× □ の答えは、42×3と42×20

の答えを合わせた数です。

2 計算のまちがいを見つけて、正しく計算しましょう。

1つ3点(6点)

①
```
    42
×   36
   252
   126
   378
```

②
```
    35
×   60
  1830
```

4 計算をしましょう。

1つ3点(6点)

① 8×30　　② 130×20

5 筆算で計算しましょう。

1つ3点(12点)

① 28×53　　② 49×45

③ 147×12　　④ 206×25

3 □にあてはまる数を書きましょう。 1題3点(9点)

① 6kg=□g

② 4200g=□kg□g

③ 5t=□kg

6 □にあてはまる数をもとめましょう。 1つ3点(12点)

① 52+□=86

② □−7=35

③ 8×□=72

④ □÷7=9

うらにも問題があります。

(切り取り線)

⑦
```
  2 5
×   4 3
```

⑧
```
  3 7 5
×   1 3
```

3 次のかさやテープの長さを、小数を使って[ ]のたんいで表しましょう。
1つ2点（4点）

① [dL]

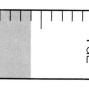

（　　　　　）

② [cm]

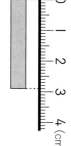

（　　　　　）

4 □にあてはまる数を書きましょう。
1つ2点（4点）

① 1mを5等分した2こ分の長さは、□mです。

② 1/7の4こ分は、□です。

7 はりがさしている重さを書きましょう。
1問2点（4点）

①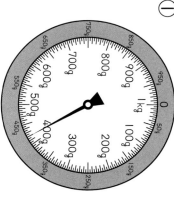
□ g

②
□ kg □ g

8 じょうぎとコンパスを使って、次の三角形をかきましょう。
1つ2点（4点）

① 辺の長さが4cm、3cm、3cmの二等辺三角形

② 辺の長さが4cmの正三角形

◎用意するもの…じょうぎ、コンパス

3年
算数のまとめ

学力しんだんテスト

名前

月　日

時間 **40分**

ごうかく80点　　／100

答え 48ページ →

1 次の数を数字で書きましょう。

1つ2点(4点)

① 千万を9こ、百万を9こ、一万を6こ、千を4こ あわせた数

（　　　　　　　）

② 100000 を 352 こ集めた数

（　　　　　　　）

2 計算をしましょう。

1つ2点(16点)

① 8×0

② 20×3

③ 18÷6

④ 84÷2

⑤ 　563
　＋339

⑥ 　805
　－217

5 □にあてはまる、等号（＝）、不等号（＞、＜）を書きましょう。

1つ2点(8点)

① 1 □ $\frac{2}{3}$

② $\frac{2}{9}+\frac{5}{9}$ □ $1-\frac{1}{9}$

③ 0.3 □ $\frac{3}{10}$

④ 2.6+1.4 □ 5−0.9

6 □にあてはまる数を書きましょう。

1問2点(8点)

① 7km10m＝ □ m

② 1分＝ □ 秒

③ 87秒＝ □ 分 □ 秒

④ 5000g＝ □ kg

教科書ぴったりトレーニング

答えとてびき
大日本図書版　算数3年

おうちのかたへ では、次のようなものを示しています。
・学習のねらいやポイント
・他の学年や他の単元の学習内容とのつながり
・まちがいやすいことやつまずきやすいところ
お子様への説明や、学習内容の把握などにご活用ください。

しあげの5分レッスン では、
学習の最後に取り組む内容を示しています。
学習をふりかえることで学力の定着を図ります。

答え合わせの時間短縮に　丸つけラクラク解答　デジタルもご活用ください！

右の QR コードをスマートフォンなどで読み取ると、
赤字解答の入った本文紙面を見ながら簡単に答え合わせができます。

丸つけラクラク解答デジタルは以下の URL からも確認できます。
https://www.shinko-keirinwebshop.com/shinko/2024pt/rakurakudegi/MDN3da/index.html

※丸つけラクラク解答デジタルは無料でご利用いただけますが、通信料金はお客様のご負担となります。
※QR コードは株式会社デンソーウェーブの登録商標です。

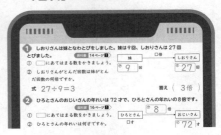

1 かけ算

ぴったり1 じゅんび　2ページ

1 (1)5　(2)3
2 ①2　②20

ぴったり2 練習　3ページ

てびき

1 ①3　②9

1 かける数が1ふえると、答えはかけられる数だけふえます。かける数が1へると、答えはかけられる数だけへります。

2 ①7　②6

2 ①7×3=7×2+7
②6×8=6×9−6

3 ①5　②4

3 かけられる数とかける数を入れかえて計算しても答えは同じになります。

4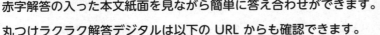
$8×6$ → $3×6=\boxed{18}$
$5×6=\boxed{30}$ → $\boxed{48}$

4 かけられる数の8を3と5に分けて計算しています。かけられる数を分けて計算しても、答えは同じになります。

5 ①30　②70　③20　④100

5 ①3×10=3×9+3だから、
3×10=27+3で、30です。
また、3×10=10×3だから、10が3こ分と考えて、30です。

6 3×12 → $\begin{cases} 3 \times \boxed{10} = 30 \\ 3 \times \boxed{2} = \boxed{6} \end{cases}$ → $\boxed{36}$

6 かける数を分けて計算しても答えは同じになります。かける数が大きくなっても、このきまりが使えます。

7 ①8　②7

7 かける数やかけられる数は、九九の表を使ったり、九九でじゅんに数をあてはめて見つけます。

しあげの5分レッスン かけ算のきまりをおぼえて、いろいろな場面で使ってみよう。

ぴったり1 じゅんび 4ページ

1 ①0　②0　③2　④0

2 (1)①0　②0　(2)①0　②0

ぴったり2 練習 5ページ　　　　てびき

1 ①0　②0

1 どんな数に0をかけても、答えは0になります。
　0にどんな数をかけても、答えは0になります。

2 ①0　②0　③0　④0

2 どんな数に0をかけても、答えは0になります。

3 ①0　②0　③0　④0

3 0にどんな数をかけても、答えは0になります。

4 ①式　$6 \times 0 = 0$　　　　答え　0点
　　②式　$0 \times 2 = 0$　　　　答え　0点

4 ①6点のところに入った数は0こだから、
　　6×0の式になります。
　　②0点のところに入った数は2こだから、
　　0×2の式になります。

しあげの5分レッスン かける数やかけられる数が0のかけ算の答えは、いつも0になるよ。

ぴったり3 たしかめのテスト 6〜7ページ　　　　てびき

1 ①式　$10 \times 3 = 30$　　　　答え　30点
　　②式　$0 \times 4 = 0$　　　　答え　0点

1 (点数)×(入った数)＝(とく点)です。
　　②0にどんな数をかけても、答えは0になります。

2 ①9　②8　③6　④4　⑤9　⑥4　⑦6

2 かけ算のきまりを使います。
　　⑤⑥かけられる数とかける数を入れかえて計算しても、答えは同じになります。
　　⑦5のだんの九九でじゅんに数をあてはめてみます。

3 ①80　②90　③0　④0

3 ①$8 \times 10 = 8 \times 9 + 8 = 80$
　　②10の9こ分は90です。
　　③どんな数に0をかけても答えは0になります。

4 ①$9 \times 8$ → $\begin{cases} 4 \times 8 = \boxed{32} \\ \boxed{5} \times 8 = \boxed{40} \end{cases}$ → $\boxed{72}$

　　②$9 \times 8$ → $\begin{cases} 9 \times 2 = \boxed{18} \\ 9 \times 6 = \boxed{54} \end{cases}$ → $\boxed{72}$

4 ①かけられる数の9を4と5に分けて計算しています。
　　②かける数の8を2と6に分けて計算しています。

5 ①$6 \times 14$ → $\begin{cases} 6 \times \boxed{10} = \boxed{60} \\ 6 \times 4 = \boxed{24} \end{cases}$ → $\boxed{84}$

　　②$6 \times 14 = \boxed{14} \times 6$
　　　$= \boxed{14} + \boxed{14} + \boxed{14} + \boxed{14} + \boxed{14} + \boxed{14}$
　　　$= \boxed{84}$

5 ①かける数の14を10と4に分けて計算しています。
　　②かけられる数とかける数を入れかえて計算しても、答えは同じです。$6 \times 14 = 14 \times 6$なので、14の6こ分です。

⌂おうちのかたへ かけ算のきまりを使えば、九九
をわすれたときや大きな数のかけ算に利用できる便利
さを実感させてください。

② たし算とひき算の筆算

ぴったり1 じゅんび　8ページ

1　①15　②8　③5　④585
2　①13　②14　③9　④943

ぴったり2 練習　9ページ　てびき

1　①714　②861　③416
2　①842　②635　③1138

⌂おうちのかたへ たし算やひき算の筆算で、一の
位から順に計算しているかを確認させてください。

3　①3176　②8431

4　①　286　　②　　67
　　＋　75　　　＋972
　　　361　　　1039

5　式　379＋392＝771

　　　　　　　　答え　771人

1　③一の位をそろえて計算しましょう。

2　十の位や百の位に2回くり上がるたし算の筆算です。下のように、くり上がる1を小さく書いておくと、計算のまちがいがふせげます。

①　¹¹
　　575
　＋267
　　842

②　¹¹
　　476
　＋159
　　635

③　¹
　　993
　＋145
　1138

3　4けたのたし算も位をそろえて、一の位からじゅんに計算します。

①　¹
　2745
　＋431
　3176

②　¹¹¹
　6758
　＋1673
　8431

4　筆算をするときは、位をそろえることが大切です。

①　286
　＋75
　1036
　（×）

左のようなまちがいを
しないようにしましょう。

5　きのうと今日の人数を合わせた数をもとめるので、式は379＋392になります。

⏱しあげの5分レッスン くり上がりのあるたし算の筆算では、くり上げた1を小さく書いておくと、計算まちがいがなくなるよ。

ぴったり1 じゅんび　10ページ

1　①8　②7　③1　④178
2　①6　②6　③2　④266

ぴったり2 練習　11ページ　てびき

1　①274　②38　③249
2　①449　②277　③98

1　ひき算の筆算も、一の位からじゅんに計算します。

2　百の位から十の位、そして十の位から一の位にくり下げる、ひき算の筆算です。

①　⁶⁹
　7Ø3
　−254
　　449

②　⁷⁹
　8ØØ
　−523
　　277

③　¹⁹
　2ØØ
　−102
　　98

3

③ ①3764　②1379　③4576

④ ① 200
　　 − 15
　　 185

　② 603
　 − 79
　 524

⑤ 式　3216−2537=679

　　　　　　　　答え　679 円

> ⏰ **しあげの5分レッスン**　くり下げた1をわすれないように気をつけよう。くり下げたら、もとの数字を消して、書きなおしておくといいよ。

---

③ 4けたのひき算も位をそろえて、一の位からじゅんに計算します。①は、位に注意して計算しましょう。

① 3856
　 −　92
　 3764

② 4272
　−2893
　1379

③ 6003
　−1427
　4576

④ 位をそろえて、一の位からじゅんに計算します。

①　200
　− 15
　　50
　（×）
　　左のようなまちがいをしないようにしましょう。

　　200
　− 15
　 185
　（○）

⑤ さいしょに持っていたお金から使ったお金をひくと、のこりのお金になります。

ぴったり3　たしかめのテスト　12〜13 ページ　てびき

①
① 541
　+395
　 936

② 367
　+228
　 595

③ 583
　+268
　 851

④ 138
　+473
　 611

⑤ 3282
　+2941
　 6223

⑥ 6148
　+2852
　 9000

⑦ 258
　+ 71
　 329

⑧ 89
　+657
　746

⑨ 1865
　+ 357
　 2222

②
① 437
　−286
　 151

② 753
　−429
　 324

③ 518
　−379
　 139

④ 500
　−408
　　92

⑤ 2283
　−1192
　 1091

⑥ 3000
　−1857
　 1143

⑦ 405
　− 62
　 343

⑧ 525
　− 48
　 477

⑨ 2004
　− 298
　 1706

③ ①595　②○　③1214

④ 式　385+168=553　　　答え　553 円

⑤ 式　207−38=169　　答え　169 ページ

---

① 3けたや4けたのたし算も位をそろえて一の位からじゅんに計算します。

③ 583
　+268
　 851

⑥ 6148
　+2852
　 9000

⑦⑧ 258
　 +71　や　89
　 968　+657
　　　　1547

とならないように、位をたてにそろえて計算します。

② 3けたや4けたのひき算も位をそろえて一の位からじゅんに計算します。

③ 518
　−379
　 139

⑥ 3000
　−1857
　 1143

⑧ 525
　−48
　 45

のようなまちがいをしないように、位をたてにそろえて計算します。

③ ①十の位へ1くり上げるのをわすれています。
③千の位の計算をまちがえています。

④ ハンバーガーとジュースを合わせた代金なので、たし算を使ってもとめます。

⑤ のこりの数なので、ひき算を使ってもとめます。

6 ①
```
    3 2 [9]
  + [2] 4 3
    5 [7] 2
```
②
```
    [7] 0 0
  −  4 1 [7]
      2 [8] 3
```

6 ①一の位…3 をたして一の位が2になるものは、
9＋3＝12 しかないので、9 が入ります。
十の位…1 くり上がったので、1＋2＋4＝7
百の位…くり上がらないので、3＋□＝5
となるような数をさがします。
②一の位…0 からひけないので、十の位から1
くり下げます。10−7＝3
十の位…1 くり下げたので、9−1＝8
百の位…1 くり下げたので、□−1−4＝2
となるような数をさがします。

```
🕐 しあげの5分レッスン まちがえた問題は、どこでまちがえたのか、答えのたしかめをしてかくにんしておこう。
```

活用

暗算 **14〜15ページ**　　　　　　　　　　　　**てびき**

1 ①30、30、70、70、87
②40、40、1、87

2 ①40、40、53、46
②50、43、3、46

3 ①78 ②99 ③77 ④60 ⑤90
⑥90 ⑦56 ⑧85 ⑨83

4 ①56 ②17 ③51 ④58 ⑤33
⑥15 ⑦52 ⑧16 ⑨8

1 ①48 を 40 と 8 に、39 を 30 と 9 に分けて考えます。
40＋30＝70　8＋9＝17　70＋17＝87
②39 を 40 とみて計算します。さいごに多くたした 1 をひいて答えをもとめます。

2 ①47 を 40 と 7 に分けます。
93−40＝53　53−7＝46
②47 を 50 とみて計算します。
93−50＝43　3 多くひいているから、さいごに 3 をたして、43＋3＝46

3 ①40＋30＝70　6＋2＝8　70＋8＝78
④20＋30＝50　7＋3＝10　50＋10＝60
⑥62＋30＝92　92−2＝90

4 ①79−20＝59　59−3＝56
④90−30＝60　60−2＝58
⑦81−30＝51　51＋1＝52

```
🕐 しあげの5分レッスン 暗算のポイントは、計算しやすいようにくふうすること。問題をたくさんといて、暗算に強くなろう。
```

3 **ぼうグラフと表**

ぴったり1 **じゅんび** **16ページ**

1 ①7 ②3 ③2

てびき

1 ①犬…正正￣ うさぎ…正 ねこ…正下
 パンダ…￣ ハムスター…下 馬…丁
 ②⑦すきな動物の人数 ⑦11 ⑦8 ⑦5
  ⑦3 ⑦3 ⑦30

2 ①さくら ②まどか

1 ①正の字を書いたものから、ななめの線で消して
 いくと、まちがいがへります。

犬	うさぎ	ねこ
うさぎ	ねこ	犬

②正の字1つ分で、5人分を表します。犬がすき
 な人は、正の字が2こ分と1なので、11人い
 ることがわかります。

2 表から、さくらさんが9さつ、まどかさんが7さ
 つ読んだことがわかります。

しあげの5分レッスン 表に整理すると、何がどれだけあるかがわかりやすくなるね。

---

1 ①1 ②8
2 ①1 ②9（グラフはりゃく）

てびき

1 ①人数 ②2人 ③サッカー ④5人

おうちのかたへ 棒グラフに表すと、それぞれの
大きさが比べやすくなることを実感させてください。

2 ①曜日…月曜日 時間…60分 ②5分
 ③ 算数を勉強した時間

1 ②たてのじくの目もりは、2、4、6、…となっ
 ているので、1目もりは2人を表しています。
 ③ぼうの長さがいちばん長いスポーツは、サッ
 カーです。
 ④テニスのぼうは、4人と6人の間までのびてい
 るから、人数は5人です。

2 ②横のじくは2目もりで10分なので、1目も
 りは5分になります。
 ③横のじくの1目もりが5分なので、火曜日の
 35分は30分と40分の間の目もりまでかき
 ます。

しあげの5分レッスン ぼうグラフのたての1目もりの大きさは、1とはかぎらないよ。いろいろな場合があるの
で注意して読み取ろう。

---

1 (1)野球 (2)2

① ① 3年生のかりた本の数　（さつ）

しゅるい　　組	1組	2組	3組	合計
物語	5	7	6	18
でん記	2	5	4	11
科学	3	1	2	6
その他	4	5	3	12
合　計	14	18	15	47

②物語

② ①

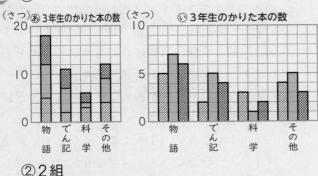

（さつ）ⓐ 3年生のかりた本の数　　（さつ）ⓘ 3年生のかりた本の数

②2組

● しあげの5分レッスン　表やぼうグラフをくふうしてまとめると、いろいろなことがわかりやすくなるね。

① ①たての合計を合わせた数と横の合計を合わせた
数は同じ数になります。合計がちがうときは、
計算をやりなおしましょう。
②本のしゅるいべつの合計で一番多いのは、物語
の18さつです。

② ①ぼうグラフのたてのじくの1目もりの大きさ
に注意しましょう。左がわのグラフは1目も
りが2人、右がわのグラフは1目もりが1人
を表しています。
②右がわのグラフで、物語のぼうが一番長いのは
2組です。

---

① ①1本　　②打ったホームランの数

③名前…こうき
　本数…11本

（本）
打ったホームランの数グラフ：こうき・たくや・しゅん・けいた

② ①ⓐ正正　ⓘ正一　ⓤ正正丅　ⓔ正下
②㋐9　　③（人）町べつの人数
　㋑6
　㋒12
　㋓8
　㋔35

東町・西町・南町・北町

③ ①80円　②トマト、キャベツ　③160円

① ②ぼうグラフのたてのじくの1目もりが1本なの
で、8目もりまでぼうをかきます。
③ぼうの長さが一番長いこうきさんが、一番多く
ホームランを打ちました。11の目もりまでぼ
うがかかれているので、11本です。

② ②正の字1つが5人を表しています。
③たてのじくの1目もりが1人になるように、ぼ
うグラフをかきましょう。

● しあげの5分レッスン　数えまちがいや数え落とし
のないように、数えたものにはしるしをつけよう。

③ ③一番高いやさいは、キャベツで200円、
一番安いやさいは、きゅうりで40円。
　200－40＝160（円）

④ ①ア…8　イ…3　ウ…30
　　エ…10　オ…104
②ア…2組でりんごがすきな人の数
　　イ…3組でみかんがすきな人の数
③一番人気があるくだもの…りんご
　　2番目に人気があるくだもの…バナナ

④ 1組、2組、3組のけっかを1つの表にまとめることによって、3年生全体のようすやクラスのちがいがよくわかるようになっています。

活用 読み取る力をのばそう

表とグラフを組み合わせて考えよう　24～25ページ　てびき

❶ ①

すきな乗り物の人数　　　(人)

	1組	2組	3組	合計
電車	10	7	9	26
バス	5	8	6	19
船	6	4	7	17
ひこうき	4	5	3	12
バイク	5	4	3	12
合計	30	28	28	86

②船がすきな人の数

③
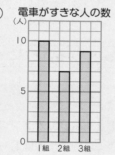
電車がすきな人の数

④みなみ…×
　けん…×
　まゆ…×
　こうた…○

❶ ①2組のバスの数は、⑧のグラフから8人と読み取ることができます。3組の船の数は、船の数の合計から、1組と2組の数をひいてもとめます。1組、2組、3組の合計をそれぞれもとめたあと、全体の合計を計算します。
②⑤のグラフは、1組が6人、2組が4人、3組が7人を表しています。
③たての1目もりは、1人を表しています。1組は10人、2組は7人、3組は9人です。
④みなみさん：3年生が一番すきな乗り物は電車です。
　けんさん：一番人数が多いのは1組です。
　まゆさん：1組と3組は、電車が一番多く、2組はバスが一番多くなっています。

4 時こくと時間

ぴったり1 じゅんび　26ページ

1 ①20　②20　③40
2 ①20　②10　③30
3 ①60　②25

おうちのかたへ 時刻と時間のちがいを理解させてください。「〇時〇分」は時刻、時刻と時刻の間の「〇分(間)」は時間です。

ぴったり2 練習　27ページ　てびき

❶ ①午後6時20分
②午前10時30分

❷ ①45分
②1時間10分(70分)

❸ 50分

❶ ①午後6時までが10分で、その20分たった時こくだから、午後6時20分です。
②20分前が午前11時で、その30分前の時こくだから、午前10時30分です。
❷ ①30分たつと午後3時で、午後3時15分はその15分後だから、30分と15分を合わせて45分です。
❸ 1時間20分＝80分だから、80分から30分をひくと50分です。

④ ①120　②1(分)35(秒)

⑤
```
    8時45分
  +     30
   8   75
   9   15
```

④ ②1分＝60秒なので、95−60＝35で、95秒は1分35秒です。

⑤ 時間は時間、分は分でそれぞれ計算します。分が60より大きくなるので、時間にくり上げます。

ぴったり3　たしかめのテスト　28〜29ページ　　てびき

① ①分　②秒　③時間　④分　⑤秒

② ①60　②1、10　③1、40　④75　⑤130

③ ①午前9時30分
　②午前11時20分
　③午後5時50分
　④40分
　⑤50分

④ 2時間10分

⑤ ①40分
　②午前10時20分
　③45分
　④6時間

① 秒、分、時間がどのくらいの長さかはかっておぼえておきましょう。

② ①1分＝60秒です。
　③100−60＝40なので1分40秒です。
　⑤60×2＝120、120＋10＝130(秒)

③ ②午前11時までが10分で、その20分たった時こくだから、午前11時20分です。
　③30分前は午後6時で、さらにその10分前だから、午後5時50分です。
　⑤1時間40分＝100分だから、100分から50分をひくと50分です。

④ 30分と40分を合わせると70分なので、1時間10分です。これに1時間を合わせて2時間10分。

⑤ ①出発した時こくは午前8時30分、動物園に着いた時こくは午前9時10分だから、かかった時間は40分です。
　②サル山に着いた時こく午前10時5分から15分たった時こくは午前10時20分です。
　③おべんとうを食べ終わった時こくは、午後0時40分です。食べ始めたのは、午前11時55分なので、おべんとうを食べるのにかかった時間は、45分です。
　④午前8時30分から正午までは3時間30分です。正午から午後2時30分までは2時間30分です。3時間30分と2時間30分を合わせて、6時間です。

5 わり算

ぴったり1　じゅんび　30ページ

1 ①6　②3　③2
2 ①28　②7　③7　④28　⑤7

❶ ①6こ　②18÷3（＝6）

❷ ①5まい　②10÷2（＝5）

❸ 式　30÷5＝6　　　　　　　答え　6cm

❹ 式　32÷8＝4　　　　　　　答え　4本

❶ ①右の絵から、答えは
　6こになります。
　②1人分の数をもとめ
　るから、わり算の式
　になります。

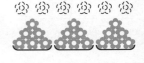

❷ ①右の絵から、答えは
　5まいになります。
　②1人分の数をもとめ
　るから、わり算の式
　になります。

❸ 30÷5の答えは、5のだんの九九で見つけられ
ます。

❹ 32÷8の答えは、8のだんの九九で見つけられ
ます。

⏱しあげの5分レッスン　わり算の答えはかけ算の九九で見つけるよ。九九をもう一度かくにんしておこう。

❶ ①20　②5　③5　④4　⑤4
❷ (1)1　(2)0　(3)4

❶ ①3　②8　③6　④7

❷ 式　24÷3＝8　　　　　　　答え　8人

❸ ①4、1　　　　　　　　　　答え　1こ
　②0、0　　　　　　　　　　答え　0こ

❹ ①1　②0　③0　④3

❶ 九九を使って、答えをもとめます。
　①7×□＝21の□にあてはまる数を見つけま
　しょう。

❷ （全部の数）÷（1人分の数）＝（人数）です。3のだ
んの九九を使います。

❸ （全部の数）÷（人数）＝（1人分の数）にあてはめて
考えます。

❹ ②③0を0でないどんな数でわっても、答えは0
です。

⏱しあげの5分レッスン　わり算は、1つ分の数をもとめる場合と、いくつ分に分けられるかをもとめる場合の2通
りあるんだね。

❶ ①7（のだん）　②8（のだん）

❷ ①8　②3　③4　④5　⑤4
　⑥5　⑦1　⑧1　⑨0　⑩6

❶ 九九を使って計算すると、
　①14÷7＝2
　②64÷8＝8　となります。

❷ ⑦⑧わる数とわられる数が同じときは、答えは
　1になります。
　⑨0を0でないどんな数でわっても、答えは0で
　す。

③ ①式 54÷6=9   答え　9こ
　②式 54÷9=6   答え　6人

④ 式 16÷4=4   答え　4本
⑤ (れい)12このいちごを3人で同じ数ずつ分け
　ます。1人分は何こですか。
　(れい)12このいちごを1人に3こずつ分ける
　と、何人に分けられますか。

③ ①1人分の数をもとめる問題です。
　②何人分かをもとめる問題です。
　どちらもわり算を使います。
　答えの単位に気をつけましょう。

④ 4×□=16の□にあてはまる数です。

⑤ 1人分の数をもとめる問題と、何人分かをもとめ
　る問題をつくりましょう。

🕐 しあげの5分レッスン まちがえた問題は、どこでまちがえたかをたしかめて、もう一度やってみよう。

6 あまりのあるわり算

ぴったり1 じゅんび　36ページ

1 ①6　②12　③18　④3　⑤2
2 ①5　②4　③4

ぴったり2 練習　37ページ　　　てびき

1 ①3あまり1　②7あまり4　③7あまり6
　④6あまり2　⑤8あまり2　⑥5あまり5

2 式 40÷6=6あまり4
　　　答え　6人に分けられて、4こあまる。

3 式 35÷8=4あまり3
　　　答え　1人分は4dLで、3dLあまる。

4 式 34÷5=6あまり4
　　6+1=7   答え　7台

🏠 おうちのかたへ 余りを考える問題は、問題文か
ら余りを切り捨てるのか、余りを含めるために答えに
1をたすのかを判断させます。

1 あまりは、いつもわる数より小さくなるようにし
　ます。

2 36ページのぴったり1 じゅんび で勉強したように、
　「何人に分けられますか。」という問題はわり算を
　使います。

3 35÷8=3あまり11のようなまちがいをしな
　いようにしましょう。あまりはいつもわる数より
　小さくなります。

4 長いす6台では、5×6=30で30人がすわれ
　ますが、4人はすわれません。この4人がすわる
　ためには、長いすがもう1台いります。
　だから、全員がすわるためには、長いすは
　6+1=7で、7台いります。

🕐 しあげの5分レッスン あまりのあるわり算で、あまりがわる数より大きくなったら、まだわることができるよ。

ぴったり3 たしかめのテスト　38〜39ページ　　　てびき

1 ①○　②×　③×　④×

2 ①9　②3あまり2　③7あまり1　④○

3 ①6あまり1　②8あまり2　③7あまり2
　④3あまり3　⑤7あまり6　⑥6あまり1
　⑦9あまり2　⑧6あまり4

1 ②58は8のだんの九九の答えにはありません。
　わりきれるものは、①だけです。

2 ①わりきれます。
　②あまりの計算がまちがっています。
　③あまりがわる数より大きくなっています。

3 あまりがわる数より小さくなっていることをかく
　にんしましょう。
　⑥43÷7=5あまり8のようなまちがいをしな
　いようにしましょう。

④ 式　45÷6＝7あまり3
　　　答え　7人に分けられて、3こあまる。
⑤ 式　30÷4＝7あまり2
　　　7＋1＝8　　　　　　　　　答え　8回

④ 同じ数ずつ分けるので、わり算を使います。あまりの数も答えましょう。
⑤ 7回運ぶと、4×7＝28で、28さつの図かんが運べますが、2さつがあまってしまいます。この2さつを運ぶためには、もう1回運ばなくてはいけません。
7に1をたすのをわすれないようにしましょう。

はってん

1　4、2
2　6本の花たば2つと、5本の花たば6つに分ける。

2　42本の花を8つの花たばに分けると、
42÷8＝5あまり2
5本の花たばが8つできて、2本あまります。
あまった2本を1本ずつ2つの花たばに入れるから、6本の花たばが2つと、5本の花たばが6つできます。

しあげの5分レッスン　「わる数×答え＋あまり＝わられる数」で、答えのたしかめをしよう。

プログラミングにちょうせん！

おはじき取りゲーム　**40〜41** ページ　　　　　　　**てびき**

1　①⑦4　①3　⑦2　①1　⑦5
　②5、1、1
　③1、4、2、4、3
2　①りえさんが取った数と合わせて7こになるように取ると勝てる。
　②6

1　合わせて5こになるように取ると、さいごに1こあまるので、じゅん番が後のみさきさんは勝つことができます。
2　①50÷7＝7あまり1
　合わせて7になるように取っていくと、さいごが1こになります。これをりえさんが取ることになり、ゆたかさんは、勝つことができます。
　②合わせて7こになるように取っていくと勝つことができますが、2回目は合わせて6こになっています。3回目で1こ多く、合わせて8こになるように取ります。

7　円と球

ぴったり1　じゅんび　　**42** ページ

1　(1)中心　(2)半径　(3)直径　(4)半径　(5)直径
2　(1)中心　(2)半径　(3)直径

ぴったり2　練習　　**43** ページ　　　　　　　**てびき**

1　①(直線)ア工　②直径

1　円の中心を通る直線を直径といい、円の中でひいた直線では、一番長い直線です。

2 ① 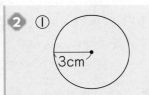 ②

2 それぞれの半径の長さにコンパスを開いて、円を
かきます。
②直径４cm の円の半径は２cm です。

3 ①24 cm ②12 cm ③2倍

3 さいころの形の面は、どれも正方
形です。ボールが箱にすき間なく
入っているので、箱の１つの辺の
長さが球の直径と同じ長さになり
ます。

球の直径
24cm

💬 しあげの5分レッスン １つの円では、円の半径はみんな同じ長さだよ。直径の長さは半径の２倍だから、直径も
みんな同じ長さだね。

ぴったり3 たしかめのテスト **44〜45ページ** **てびき**

1 ①中心、半径、直径
②2 ③4 ④ウ

2 ①円 ②円

3 ①
②
3cm
6cm
2cm5mm

4
3cm

🏠 おうちのかたへ コンパスの使い方を見てあげま
しょう。円は、途中で止めずに一気にかくとよいです。

5 ①イ ②2 cm ③4 cm ④8 cm

6 ①3 cm ②27 cm

7 ①4 cm ②24 cm

1 ②直径は半径の２倍の長さ、半径は直径の半分の
長さであることをわすれないようにしましょう。

2 どこから見ても円に見える形を球といい、球の切
り口は円になっています。

3 ①コンパスを２cm５mm に開いて、円をかきます。
②コンパスを３cm に開いて、円をかきます。
コンパスは、はりのほうに力を入れるときれい
な円がかけます。

4 コンパスを３cm に開いて、直線の左はしにはり
をさします。
コンパスのはりをさす場所

1回目　2回目　3回目　4回目　5回目

5 ②小さい円の直径の３つ分が、大きい円の直径だ
から、小さい円の直径は12÷3＝4で、
４cm です。半径はその半分の２cm です。
④直線アウは、小さい円の半径の４つ分の長さで
す。

6 ①直径が６cm の円の半径ですから、３cm です。
②直線アウの長さは、大きい円の直径の４つ分に、
その半径１つ分をたした長さです。
6×4＝24　24＋3＝27(cm)

7 ①球の直径の４つ分が32 cm だから、
32÷4＝8で、球の直径は８cm とわかりま
す。半径はその半分です。
②たての長さは、球の直径の３つ分の長さです。
8×3＝24(cm)

13

⑧ あを中心とした半径5cmの円と、いを中心とした半径6cmの円をかきます。その交わる点がもとめる点になります。

しあげの5分レッスン 円をかくときは、コンパスを半径の長さに開くよ。コンパスを使って、いろいろなもようをかいてみよう。

8 かけ算の筆算

ぴったり1 じゅんび 46ページ

1 ①4 ②12 ③120

2 ①0 ②10

おうちのかたへ 何十や何百のかけ算の答えは、10や100をもとにして考えていることを理解させます。

ぴったり2 練習 47ページ · **てびき**

1 ①210
　②720
　③300
　④800
　⑤3600
　⑥2000

1 ①70は10の7こ分だから、
　　10が7×3で21こ分。
　　70×3=210
　③6×5=30で、10が30こ分です。
　④400は100の4こ分だから、
　　100が4×2で8こ分。
　　400×2=800
　⑥5×4=20で、100が20こ分です。0の数に注意しましょう。

2 ①42
　②99
　③74
　④78

2 ③くり上がりのあるかけ算の筆算では、くり上げた数を小さく書いておきましょう。

$$\begin{array}{r} 37 \\ \times\ \ 2 \\ \hline 74 \end{array}$$

2×3の答えに1をたす。

3 ①148
　②279
　③182
　④126

3 答えが3けたになるかけ算の筆算です。

①
$$\begin{array}{r} 74 \\ \times\ \ 2 \\ \hline 148 \end{array}$$

③
$$\begin{array}{r} 26 \\ \times\ \ 7 \\ \hline 182 \end{array}$$

7×2の答えに4をたす。

4 ①
$$\begin{array}{r} 82 \\ \times\ \ 2 \\ \hline 164 \end{array}$$
②
$$\begin{array}{r} 51 \\ \times\ \ 9 \\ \hline 459 \end{array}$$
③
$$\begin{array}{r} 34 \\ \times\ \ 6 \\ \hline 204 \end{array}$$

4 筆算をするときは、位をそろえることが大切です。
　①右のようなまちがいをしないようにしましょう。
$$\begin{array}{r} 82 \\ \times 2 \\ \hline \end{array}$$

5 式 35×7=245　　　答え 245回

5 1週間は7日あるので、35に7をかけます。

しあげの5分レッスン くり上がりのあるかけ算の筆算では、くり上げた数のたしわすれに注意しよう。

1 ①6　②3　③6

2 ①0　②1　③11

てびき

1 ①842　②633　③369　④884

2 ①854　②864　③724　④2124

3 ①　524
$\times$　　7
3668

②　821
$\times$　　2
1642

③　650
$\times$　　8
5200

4 式　235×8=1880　　　答え　1880円

---

1 くり上がりのないかけ算の筆算です。

③　123
$\times$　　3
369

④　221
$\times$　　4
884

2 くり上がりに気をつけましょう。

①　427
$\times$　　2
854

④　708
$\times$　　3
2124

3 位をそろえて書きましょう。また、くり上がりのたしわすれに注意しましょう。

4 1こ235円のケーキの8こ分なので、かけ算でもとめます。くり上がりに気をつけて計算しましょう。

🕐しあげの5分レッスン かけられる数が3けたになっても、（2けた）×（1けた）の筆算と同じように計算するよ。

1 ①2　②2　③320

2 ①50　②3　③50　④3　⑤150　⑥150

てびき

1 ①360　②936　③2832　④1290

2 ①「72」…1つ分の大きさ　「5」…いくつ分
②式　72×5=360　　　答え　360円

3 ①「1つ分の大きさ」…⑥　「いくつ分」…⑦
「全体の大きさ」…⑧
②式　35×4=140　　　答え　140人

---

1 ①60×(2×3)=60×6=360
②104×(3×3)=104×9=936
③708×(2×2)=708×4=2832
④215×(3×2)=215×6=1290

2 ①図で表すと、下のようになります。

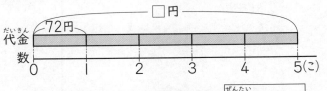

②　1つ分の大きさ × いくつ分 ＝ 全体の大きさ
　　　72　　　　　　5　　　　　　360

3 言葉の式で表すと、次のようになります。

1つ分の大きさ × いくつ分 ＝ 全体の大きさ
　35　　　　　　4　　　　　　140

🕐しあげの5分レッスン 式が思いうかばないときは、まず、言葉の式で考えよう。
1つ分の大きさ × いくつ分 ＝ 全体の大きさ

1 ①4　②⑦3　①3

1 ①かけられる数を分けて計算しても答えは同じです。
②218×3の答えは、200×3と10×3と8×3の答えを合わせた数です。

2 ①280　②300　③5600

2 ①40×7＝4×7×10＝280
②50×6＝5×6×10＝300
③800×7＝8×7×100＝5600

3
① 　34
　× 　2
　　68

② 　53
　× 　3
　　159

③ 　47
　× 　3
　　141

④ 　76
　× 　8
　　608

⑤ 　316
　× 　3
　　948

⑥ 　164
　× 　2
　　328

⑦ 　542
　× 　4
　　2168

⑧ 　928
　× 　8
　　7424

3 くり上がりに気をつけて計算しましょう。
④ 　76
　× 　8
　　⁴
　　608

⑦ 　542
　× 　4
　　¹
　　2168

⑧ 　928
　× 　8
　　²⁶
　　7424

4 ①1200　②1824

4 はじめの2つの数を先にかけても、あとの2つの数を先にかけても答えは同じになります。
①200×(2×3)＝200×6＝1200
②304×(3×2)＝304×6＝1824

5 ①「125」…1つ分の大きさ
「3」…いくつ分

②
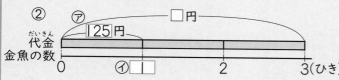

③式　125×3＝375　　　答え　375円

5
1つ分の大きさ	×	いくつ分	＝	全体の大きさ
125		3		375

6 ア…0　イ…3　ウ…5

6 ウにあてはまる数は、7×5＝35の5です。
百の位の計算は7×6＝42ですが、答えの千の位の数は4、百の位の数は2なので、くり上がりがありません。また、一の位の計算で3くり上がるので、アには0しかあてはまりません。イにあてはまる数は3です。

　　　　　　　　6 ア 5
　　　　　×　　　　7
ここに注目します。→ 4 2 イ ウ

1 ①3972 ②4836 ③9435

1 （4けた）×（1けた）の筆算も、一の位からじゅんに計算します。

②   2418   ③   3145
   ×   2   ×   3
   4836   9435

しあげの5分レッスン くり上げた数を書いておくことや、かけ算のきまりを使ってくふうして計算することで、計算まちがいをなくそう。

❾ 答えが2けたになるわり算

ぴったり1 じゅんび 54ページ

1 ①4 ②4 ③2 ④20
2 ①2 ②40 ③42

ぴったり2 練習 55ページ   てびき

1 ①10 ②30 ③10 ④20

2 ①34 ②32 ③44 ④14

3 式 40÷4＝10   答え 10ふくろ

4 式 96÷3＝32   答え 32まい

1 ④80は10が8こだから8÷4＝2
   10が2こだから、80÷4＝20
2 ①60÷2＝30 8÷2＝4 30＋4＝34
   ②90÷3＝30 6÷3＝2 30＋2＝32
   ③80÷2＝40 8÷2＝4 40＋4＝44
   ④20÷2＝10 8÷2＝4 10＋4＝14
3 （全部の数）÷（1ふくろ分の数）＝（ふくろの数）にあてはめて考えます。
4 （全部の数）÷（人数）＝（1人分の数）にあてはめて考えます。

しあげの5分レッスン 答えが2けたになるわり算は、われる数を分けて、九九を使ってもとめられるようにしよう。

❿ 10000より大きい数

ぴったり1 じゅんび 56ページ

1 (1)八百三十七 (2)2587043
2 (1)< (2)①300万 ②＝

ぴったり2 練習 57ページ   てびき

1 ①三万二千五百八十六
   ②千三十九万六千五百八

1 大きな数を読むときは、右から4けたごとに区切って、数字と数字の間にしるしをつけておくとわかりやすく読めます。
   1039|6508
   （万）

2 ①58165
　　②80063002
　　③100000000

3 ①836040
　　②30200789
　　③28000

4 ㋐500000　㋑690000

5 ①＜　②＞

2 読みのない位には0を書きます。0がないと位が上がったり、下がったりするからです。数字で表したら、読んでたしかめておきましょう。
　②　8<u>0</u>06<u>300</u>2
　　　　0をわすれずに書きましょう。
　③一億は、0が8こつきます。

3 ①百の位、一の位にそれぞれ0を書きましょう。
　②百万の位、一万の位、千の位の数は0です。
　　0をわすれると、ちがう数になってしまいます。
　③28に0を3こつけた数になります。

4 一番小さい1目もりは10000を表しています。
　㋐は400000の目もりから右に10目もりなので、500000です。
　㋑は600000の目もりから右に9目もりなので、690000です。

5 数をくらべるときは、大きい位からじゅんにくらべていきます。
　②左がわは5000＋900＝5900です。千の位が同じ数字なので、百の位でくらべます。

千の位	百の位	十の位	一の位
5	9	0	0
5	8	0	0

しあげの5分レッスン 大きな数は、右から4けたごとに区切って読もう。右から4けたごとに、「万」「億」と新しい単位になっていくよ。

ぴったり1 じゅんび　58ページ

1 (1)390　(2)870
2 (1)5000　(2)①5　②30　③35

ぴったり2 練習　59ページ

てびき

1 ①230　②700　③1450
　④8800　⑤4000　⑥482600
　⑦41000　⑧63000　⑨406000
2 ①9　②78　③40
　④549　⑤250　⑥1608

3 ①70　②7000　③100

1 数を10倍すると位が1つ上がり、もとの数の右に0を1こつけた数になります。100倍は0を2こ、1000倍は0を3こつけます。

2 一の位が0の数を10でわると、もとの数の右から0を1ことった数になります。

3 ①もとの数の右に0を1こつけると700になる数です。
　③60の右に0を2こつけると6000です。

18

4 ①⑦3 ①8
②2000 ③38

🏠 **おうちのかたへ** 数はさまざまな見方で表すことができます。これは、整数にかぎったことではありません。

⏱ **しあげの5分レッスン** 10倍すると0を1こ、100倍すると0を2こつけるんだね。10でわると、さいごの0を1ことるよ。

4 他にも、さまざまな見方で38000という数を表すことができます。
・380の10倍の10倍の数
・30000より8000大きい数
・380000÷10の答えと等しい数

ぴったり3 たしかめのテスト 60〜61ページ 　てびき

1 ①43506200
②70050301

2 ⑦…600万 ①…3400万

3 ①八千九百十三万二百四十
②3

4 ①47 ②14000
③49万(490000) ④10

5 ①< ②>

6 ①43000 ②400600

7 ①720 ②4890

---

1 読みのない位には0を書きます。
①一万の位、十の位、一の位が0です。
②百万の位、十万の位、千の位、十の位が0です。0のいちをまちがえないように注意しましょう。

2 まず、数直線の1目もりがいくつなのかをかくにんしましょう。この数直線の1目もりは100万です。

3 ①大きな数を読むときは、右から4けたごとに区切って読むとよいでしょう。

千万の位	百万の位	十万の位	一万の位	千の位	百の位	十の位	一の位
8	9	1	3	0	2	4	0
			万				

千の位と一の位は0なので読みません。

4 ①1000が40こで40000です。
②14に0を3こつけます。
④1000万を10こ集めた数を1億といいます。数字で書くと、100000000です。

5 数の大小は、位の大きいほうからじゅんにくらべていきましょう。
①左がわの数は、一番大きい位が一万の位ですが、右がわの数は十万の位です。だから、右がわの数のほうが大きい数です。
②右がわは5200−400=4800です。千の位の5と4でくらべます。

6 数を100倍すると、位が2つ上がります。もとの数の右に0を2こつけます。0の数に気をつけましょう。

7 10でわった数は、位が1つ下がった数です。もとの数から0を1ことります。
①7200から0を1ことって、720です。
②48900から0を1ことって、4890です。

19

8 ①ⓤ ②ⓐ ③ⓘ ④ⓔ

8 ①「合わせた」なので、たし算の式（しき）です。
②「10倍（ばい）した」なので、10をかけます。

> ⏱ **しあげの5分レッスン** まちがえた問題（もんだい）を、もう1回やってみよう。

⑪ 小 数

ぴったり1 じゅんび 62ページ

1 ①4 ②0.4 ③2.4

2 ①5 ②4 ③0.1 ④5.4

> 🏠 **おうちのかたへ** 気温や飲み物のかさなど、身の回りで使われている小数に気づかせてあげてください。

ぴったり2 練習 63ページ ・・・・・・・・・・・・ てびき

1 ①0.1 ②0.1 ③10、0.1 ④10、0.1

2 ①1.4L ②2.9L ③0.8L

3 ⑦…1.2cm ⑦…4.3cm ⑦…7.5cm
⑦…10.8cm

4 ①
②

1 1dL＝0.1L 1mm＝0.1cm
しっかりおぼえておきましょう。

2 1目もりは0.1Lを表（あらわ）しています。
②一番右のますには0.9L入っています。

3 ⑦は1cm2mmと読めますが、ここでは何cmかを考えるのでcmで答えます。
1mm＝0.1cmだから、2mmは0.2cmとなり1.2cmと書きます。

4 ますの1目もりは0.1Lを表しています。

> ⏱ **しあげの5分レッスン** 1を10等分（とうぶん）した1つを0.1というんだね。

ぴったり1 じゅんび 64ページ

1 ①4 ②5 ③3

2 (1)0.7 (2)①20 ②2.1

ぴったり2 練習 65ページ ・・・・・・・・・・・・ てびき

1 ①2.8 ②90.4

2 十の位…6、一の位…3、小数第一位（しょうすうだいいちい）…8

3 ⑦0.4 ⑦1.2 ⑦1.9 ⑦3.5

4 ①3 ②51 ③80 ④346

5 ①0.5 ②7.2 ③1.6 ④8.9

1 ①2と0.8を合わせた数です。
②一の位（くらい）の数字は0になることに気をつけましょう。

2 小数点のすぐ右の位が小数第一位です。

3 ⑦0.1が4こ分の数です。
⑦1と0.1を2こ分合わせた数です。
⑦1と0.1を9こ分合わせた数です。
⑦3と0.1を5こ分合わせた数です。

4 0.1を10こ集（あつ）めると、1になります。

5 小数点のいちをまちがえないようにしましょう。

6 ①< ②> ③>

6 数の大小をくらべるときは、位の大きいほうから
くらべていきます。

⏱ **しあげの5分レッスン** 数直線を読むときは、まず、1目もりがいくつを表しているのかを考えよう。

ぴったり1 じゅんび **66**ページ

1 ①6 ②7 ③1.3
2 ①38 ②65 ③6.5
3 ①51 ②15 ③1.5

ぴったり2 練習 **67**ページ 〔てびき〕

1 ①0.6 ②1.3 ③1 ④10.1 ⑤20
⑥12.1

1 小数の筆算も、整数と同じように位をそろえて書
き、小さい位からじゅんに計算します。さいごに
上の小数点にそろえて、答えの小数点をうちます。
⑤ 　7.4　　答えの小数第一位が0になったら、
＋12.6　　0̸のように消します。小数部分が
　20.0̸　　ないことと同じだから、答えは
　　　　　　20です。

2 ①0.7 ②0.9 ③0.2
④4.6 ⑤18 ⑥2.3

2 ⑥3は3.0と考えて計算します。
　　3.0 ← 3は3.0と考えます。
　−0.7
　　2.3

3 式 2.7−1.8=0.9 　　答え 0.9L

3 27−18=9で、小数点をつけて.9としがちで
す。0.1が9こと考えると0.9になります。
整数部分がないときは、0をつけて0.9と書き
ます。
　　2.7
　−1.8
　　0.9 ← 0.9とします。

4 ①5、2 ②52 ③0.8 ④0.2

4 1つの小数でも、見方をかえるといろいろな表し
方ができます。

⏱ **しあげの5分レッスン** 0.1がいくつ分かで考えると、小数も整数と同じように計算できるね。さいごに答えの小
数点をうつのをわすれないようにしよう。

ぴったり3 たしかめのテスト **68〜69**ページ 〔てびき〕

1 ①8 ②6.2 ③0.2 ④30.3

1 ①小数点のすぐ右の位を、小数第一位といいます。
②0.1を10こ集めた数は1だから、0.1を60
　こ集めた数は6となります。
③7.2は7と0.2を合わせた数です。

2 3.6L

2 1Lを10等分した目もりがついているので、
1目もりは、0.1Lです。一番右のますには、6
目もりまで水が入っているので、0.6L入ってい
ます。

3 ⑦0.1 ④1.3 ⑦2.5

3 1目もりは、0.1を表しています。整数と小さい
目もりがいくつ分かを考えます。

21

④ ①＞　②＜　③＜

⑤
①　5.6
　＋4.7
　　10.3

②　18.5
　＋　0.6
　　19.1

③　22.9
　＋　7.1
　　30.0̸

④　8.3
　＋5
　13.3

⑤　2.4
　＋1.6
　　4.0̸

⑥　5.3
　－1.8
　　3.5

⑦　28.3
　－10.9
　　17.4

⑧　9.4
　－7
　2.4

⑨　40
　－18.6
　21.4

⑥
①式　2.8＋3.2＝6　　　　　　　答え　6 m
②式　3.2－2.8＝0.4　　　　　答え　0.4 m

⑦式　8 dL＝0.8 L
　　　4.6－0.8＝3.8

答え　3.8 L

④ 位の大きいほうからじゅんにくらべていきます。
③ Ｉは、Ｉ.Oと考えます。

⑤ 筆算を書くときは、上下の数の小数点をそろえて書きます。
④や⑧は次のようなまちがいをしないように書き方に注意しましょう。

④　8.3
　＋　5
　　8.8

⑧　9.4
　－　7
　　8.7

③や⑤は小数部分の0を0̸のように消しておきましょう。

⑥
①　2.8
　＋3.2
　　6,0̸　←—— 6と答えましょう。

②2.8－3.2のように、問題文に出たじゅんに式を書くまちがいがよくあります。ひき算は大きい数から小さい数をひくことに注意しましょう。

⑦ 単位をそろえることが大切です。ここでは何Ｌかと聞いているので、8 dL を L になおして計算します。

⏰しあげの5分レッスン　0.1 が 10 こで 1 になることを、もう一度かくにんしておこう。

⑫ 長　さ

ぴったり1 じゅんび　**70**ページ

1 ①40　②40　③2　④52
2 ①800　②680

ぴったり2 練習　**71**ページ　　　　　　　　てびき

1 ①Ｉ cm
　②㋐2 m 20 cm　㋑2 m 42 cm
　　㋒3 m 4 cm　　㋓3 m 39 cm

2 ①2　②3、600　③4050　④1700

1 まきじゃくの3ｍの目もりに注目しましょう。

2 ①1000 m＝1 km であることを使って考えます。
　②3600 m＝3 km＋600 m
　③4 km 50 m＝4000 m＋50 m＝4050 m
　④Ｉ km 700 m＝1000 m＋700 m＝1700 m

3 ①1 km 80 m
②ゆうきさんのほうが、220 m 近い。

3 ①280 m＋240 m＋560 m＝1080 m
1080 m＝1 km 80 m
単位に注意して答えましょう。
②ゆうきさんの家から学校までの道のりは
420 m＋440 m＝860 m
1080 m－860 m＝220 m

> **しあげの5分レッスン** 1 cm＝10 mm、1 m＝100 cm で、1 km＝1000 m だよ。長さの単位のかんけいをしっかりおぼえておこう。

ぴったり3 たしかめのテスト ［72～73ページ］ **てびき**

1 ⓘ、ⓤ、ⓚ

1 長いところの長さをはかるときや、まるい物のまわりの長さをはかるときは、まきじゃくを使うとべんりです。

2 ①1、200　②4、30　③3070

2 ①1200 m＝1000 m＋200 m で、
1 km＝1000 m なので
1200 m＝1 km 200 m です。
②4030 m＝4 km＋30 m と考えます。
③3 km＝3000 m なので、
3000 m＋70 m＝3070 m

3 ㋐4 m 20 cm　㋑4 m 55 cm
㋒4 m 79 cm　㋓5 m 3 cm

3 まきじゃくの1目もりは1 cm です。4 m や5 m の目もりに注目しましょう。

4 ①660 m
②450 m
③1 km 130 m
④2 km 350 m

4 ③720 m＋410 m＝1130 m
1130 m＝1 km 130 m
④さいしょに m どうしで計算して、さいごに
1 km をたします。
550 m＋800 m＝1350 m
1350 m＝1 km 350 m

5 ①900 m
②1 km 200 m
③1 km 100 m
④ゆうびん局の前を通るほうが、100 m 近い。

5 ①きょりは、まっすぐにはかった長さなので、
900 m です。
②700 m＋500 m＝1200 m
1200 m＝1 km 200 m
③300 m＋800 m＝1100 m
1100 m＝1 km 100 m
④1 km 200 m－1 km 100 m＝100 m

> **おうちのかたへ** 道のりときょりの違いが理解できているか、確認してあげてください。

6 ①1 km 10 m
②320 m

6 ①180 m＋290 m＋90 m＋380 m＋70 m
＝1010 m
1010 m＝1 km 10 m
②こずえさんが歩いた道のりは、
120 m＋130 m＋120 m＋80 m＋80 m
＋120 m＝650 m です。
ちひろさんが歩いた道のりは、
180 m＋330 m＋210 m＋120 m＋130 m
＝970 m です。

> **しあげの5分レッスン** まちがえた問題にもう一度取り組もう。どこでつまずいたのか、かくにんすることが大切だね。

⑬ 分　数

ぴったり1 **じゅんび**　**74** ページ

1 ①5　②7

2 <

ぴったり2 **練習**　**75** ページ

てびき

1 ① $\frac{1}{5}$ m　② $\frac{5}{7}$ L

2 ① $\frac{2}{5}$　②9　③ $\frac{5}{9}$　④10

3 ㋐… $\frac{3}{7}$　㋑… $\frac{5}{7}$　㋒… $\frac{8}{7}$

4 ①＞　②＞　③＝

1 ①5等分した1つ分の長さと考えます。
②1Lを7等分した5つ分のかさです。

2 ④分母と分子が同じ数のとき、1になるので、答えは10です。

3 ㋐は1を7等分した3つ分、㋑は5つ分、㋒は8つ分です。

4 ①②分数を小数になおしてくらべます。

⏱ **しあげの5分レッスン** 不等号は大きい数のほうに開くよ。2つの数が同じときは等号「＝」を使うね。

ぴったり1 **じゅんび**　**76** ページ

1 ①4　②2　③6　④6　⑤9
2 ①5　②5　③2　④5

🏠 **おうちのかたへ** 分数のたし算やひき算も、これまでと同様にもとにする量のいくつ分かで考えることに気づかせてください。

ぴったり2 **練習**　**77** ページ

てびき

1 ① $\frac{3}{5}$　② $\frac{3}{4}$　③ $\frac{6}{7}$

④ $\frac{5}{10}$　⑤ $1\left(\frac{6}{6}\right)$　⑥ $1\left(\frac{9}{9}\right)$

2 ① $\frac{2}{5}$　② $\frac{3}{6}$　③ $\frac{1}{8}$

④ $\frac{7}{10}$　⑤ $\frac{3}{8}$　⑥ $\frac{6}{9}$

3 式　$\frac{2}{10}+\frac{3}{10}=\frac{5}{10}$　　答え　$\frac{5}{10}$ m

4 式　$1-\frac{2}{5}=\frac{3}{5}$　　答え　$\frac{3}{5}$ L

1 分母と分子が同じ数のときは、1になります。

⑤ $\frac{6}{6}=1$ 、⑥ $\frac{9}{9}=1$

2 ⑤ $1=\frac{8}{8}$ 　⑥ $1=\frac{9}{9}$ になおして計算します。

3 （黄色いリボンの長さ）＝（赤いリボンの長さ）＋ $\frac{3}{10}$ でもとめます。

4 $1L=\frac{5}{5}$ Lと考えてひき算をします。

⏱ **しあげの5分レッスン** 分母が同じ分数のたし算とひき算は、分子だけを計算するよ。1は、分母が同じ分数にしてから計算しよう。

1 ①(れい)

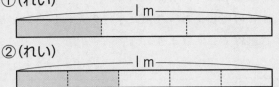

②(れい)

1 ①|mを3等分しています。|つ分に色をぬります。

②|mを5等分しています。2つ分に色をぬります。

2 ①$\frac{4}{5}$　②$\frac{1}{7}$　③9

2 ③$\frac{9}{9}$は|なので、$\frac{1}{9}$の9つ分になります。

3 ⑦…$\frac{4}{6}$　⑦…$\frac{7}{6}$

3 $\frac{1}{6}$のいくつ分かを考えます。

4 ①<　②<

4 ①$\frac{3}{9}$は$\frac{1}{9}$の3つ分、$\frac{4}{9}$は$\frac{1}{9}$の4つ分なので、$\frac{4}{9}$のほうが大きいといえます。

5 ①$\frac{4}{5}$　②$\frac{2}{3}$　③$1\left(\frac{7}{7}\right)$

　④$\frac{8}{10}$　⑤$1\left(\frac{7}{7}\right)$　⑥$1\left(\frac{5}{5}\right)$

5 分母はそのままにして、分子だけたします。③⑤⑥の答えは、分子と分母が同じ数なので、|になります。

6 ①$\frac{1}{3}$　②$\frac{1}{5}$　③$\frac{5}{8}$

　④$\frac{4}{10}$　⑤$\frac{1}{4}$　⑥$\frac{2}{7}$

6 分母はそのままにして、分子だけひきます。⑤は、$1=\frac{4}{4}$、⑥は、$1=\frac{7}{7}$になおして、計算します。

7 式　$\frac{2}{5}+\frac{1}{5}=\frac{3}{5}$　　　答え　$\frac{3}{5}$L

7 たし算の式になります。分母はそのままにして、分子だけたしましょう。

8 式　$1-\frac{5}{7}=\frac{2}{7}$　　　答え　$\frac{2}{7}$m

8 |を$\frac{7}{7}$になおして、計算します。

⏰しあげの5分レッスン 分数は、分母がもとになる大きさを何等分したかを、分子がそのいくつ分なのかを表しているんだね。

14 三角形と角

ぴったり1 じゅんび 80ページ

1 ①2　②③⑥、⑨　③③　⑤え

🏠おうちのかたへ 辺の長さをはかるときもコンパスを使うようにして、なれさせるとよいです。

ぴったり2 練習 81ページ てびき

1 二等辺三角形…あ、お、き

正三角形…⑨、⑥

1 コンパスを使って辺の長さが等しいかを調べます。二等辺三角形は2つの辺の長さが等しい三角形、正三角形は全ての辺の長さが等しい三角形です。

2 ①

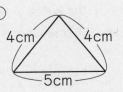

②

2 ①はじめに5cmの辺をひきます。次にコンパスを4cmに開いて、5cmのはしの点から円を2つかいて、交わった点とむすびます。

②はじめに6cmの辺をひきます。次にコンパスを6cmに開いて、6cmのはしの点から円を2つかいて、交わった点とむすびます。

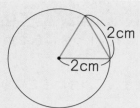

③ 円の中心でないほうの半径のはしを中心にして、半径2cmの円をかきます。
もとの円と交わった点と半径の両はしを、それぞれ直線でむすびます。

しあげの5分レッスン 三角形をかくときは、コンパスを辺の長さに開くよ。コンパスのはりがずれないようにていねいにかこう。

ぴったり1 じゅんび 82ページ

1 (1)大きい　(2)小さい　(3)直角
2 (1)①等しく　②角　(2)①3　②3

ぴったり2 練習 83ページ　　**てびき**

1 辺…ウ、カ、ケ
角…イ、エ、キ
頂点…ア、オ、ク

2 う→あ→い

3 ①あとう　②いとう　③あといとう

4 正三角形

1 三角形には、辺が3つ、角も3つ、頂点も3つあります。

2 三角じょうぎを重ねて調べてみましょう。
角の大きさは三角じょうぎが大きくなっても、小さくなってもかわりません。

3 辺の長さに目をつけると、①②は二等辺三角形で、③は正三角形です。

4 3つの辺の長さが等しい三角形がしきつめてあります。

しあげの5分レッスン 三角じょうぎのうち、1つの三角じょうぎは2つの角の大きさが等しいから、二等辺三角形だね。

ぴったり3 たしかめのテスト 84〜85ページ　　**てびき**

1 ①2、2
②3、3

2 ①　　　　　　②

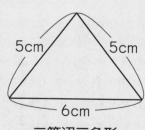

二等辺三角形

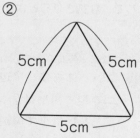

正三角形

1 二等辺三角形は、2つの辺の長さ、2つの角の大きさが等しいこと、正三角形は、3つの辺の長さ、3つの角の大きさが等しいことを、しっかりおぼえておきましょう。

2 ①はじめに6cmの辺をひきます。次にコンパスを5cmに開いて、6cmのはしの点から円を2つかいて、交わった点と6cmの辺の両はしをむすびます。2つの辺の長さが等しいから二等辺三角形です。
②はじめに5cmの辺をひきます。次にコンパスを5cmに開いて、5cmのはしの点から円を2つかいて、交わった点と5cmの辺の両はしをむすびます。

③ ①正三角形
　　②二等辺三角形

④ ①あの角…いの角
　　　うの角…かの角
　　②いの角
　　③えの角

⑤ ①辺の長さ…9cm、9cm、6cm
　　　三角形…二等辺三角形
　　②辺の長さ…10cm、10cm、10cm
　　　三角形…正三角形

③ ①辺アイ、辺アウ、辺イウは半径と同じ長さですから、3つの辺の長さが等しく、三角形は正三角形になります。
　　②辺ウイ、辺エイは半径ですから、2つの辺の長さが等しく、三角形は二等辺三角形になります。

④ 三角じょうぎは2つとも直角三角形です。
　　また、1つは二等辺三角形でもあります。

⑤ ①あを開くと、9cm、9cm、3cm×2＝6cmの、二等辺三角形になります。
　　②いを開くと、10cm、10cm、5cm×2＝10cmの、正三角形になります。

しあげの5分レッスン 辺の長さや角の大きさに目をつけて、何という三角形かを考えよう。

15 重さの単位

びったり1 じゅんび　86ページ

1 ①1　②40
2 ①1000　②3000　③3200
3 ⑦350　⑦1150　⑦3300

おうちのかたへ 様々なものの重さを実感させ、重さのはかり方を生活に生かしてみてください。

びったり2 練習　87ページ

1 ①2000　②1、750
2 ⑦、⑦、⑦

3 ①240g　②320g
　③2700g（2kg700g）
4 ①2kg　②10g　③1kg400g

てびき

1 ①1kg＝1000gなので、2kg＝2000gです。
2 単位をそろえてくらべます。
　3200g＝3kg200gです。
　3kg200g＞3kg＞2kg900g
3 ①② 一番小さい目もりは10gです。
　③一番小さい目もりは20gです。
4 ①はかりの0のすぐ下に2kgと書いてあります。
　②1目もりは100gを10等分した1つ分なので、10gです。

しあげの5分レッスン はかりによって、1目もりが表す重さがちがうことがあるよ。目もりを読む前に、1目もりが表す重さをたしかめよう。

びったり1 じゅんび　88ページ

1 ①36　②30　③6　④6
2 (1)5000　(2)7　(3)2
3 (1)1000　(2)1000　(3)1000

① 式 270 g＋600 g＝870 g 答え 870 g

② 式 28 kg－25 kg＝3 kg 答え 3kg

③ ①7000 ②4
③1、500 ④3200

④ ①1000、1000
②10、100、1000
③100、10

しあげの5分レッスン 長さ、かさ、重さの単位の
しくみはとても大切。10倍、100倍、1000倍と、
いろいろあるので、整理しておぼえよう。

① 入れ物の重さとくだものの重さをたしたものが全
体の重さです。たし算で答えをもとめます。

② 全体の重さから、あかりさんの体重をひいたもの
が、ランドセルの重さになります。ひき算で答え
をもとめます。

③ ①1 t＝1000 kgです。
②1000 kg＝1 tです。
④3 t＝3000 kgなので、3 t 200 kgは、
3200 kgです。

④ 〈重さの単位のしくみ〉
1 kg＝1000 g 1 t＝1000 kg
〈長さの単位のしくみ〉
1 cm＝10 mm 1 m＝100 cm
1 km＝1000 m
〈かさの単位のしくみ〉
1 dL＝100 mL 1 L＝10 dL
1 L＝1000 mL

① ①kg ②g ③t

② 2300 g、2 kg 100 g、2 kg、240 g

③ ①8000 ②5
③2000 ④9

④ ①1000
②10、1000
③10

⑤ ①㋐…1 g ㋑…10 g ㋒…10 g
②㋐…170 g ㋑…630 g
㋒…1450 g（1 kg 450 g）

① g、kg、t がどのくらいの重さか理かいしておき
ましょう。

② 単位をgにそろえてくらべます。
2 kg＝2000 g、2 kg 100 g＝2100 g

③ ①1 kg＝1000 gだから、
8 kg＝8000 gです。
③1 t＝1000 kgだから、
2 t＝2000 kgです。
④1000 kg＝1 tだから、
9000 kg＝9 tです。

④ 単位のかんけいをたしかめましょう。
[重さ] 1 g →1000倍→ 1 kg →1000倍→ 1 t
[長さ] 1 mm →10倍→ 1 cm →100倍→ 1 m →1000倍→ 1 km
[かさ] 1 mL →100倍→ 1 dL →10倍→ 1 L

⑤ ①㋐は10 gが10等分されているので、1目もり
は1 gを表します。
また、㋑と㋒は100 gが10等分されているので、
1目もりは10 gを表します。

6 ①式　250 g＋760 g＝1010 g
　　　　1010 g＝1 kg 10 g

　　　　　　　　　答え　1 kg 10 g

　　②式　400 g－250 g＝150 g

　　　　　　　　　　　答え　150 g

7 式　170 g－80 g＝90 g
　　　90÷3＝30　　　　答え　30 g

┌─────────────────────────────┐
│ 🎯しあげの5分レッスン　長さやかさと同じで、重さ
│ も同じ単位の数どうしを計算するね。答えの単位のつ
│ けわすれに注意しよう。
└─────────────────────────────┘

16 □を使った式

ぴったり1　じゅんび　**92**ページ

1 (1)8　(2)①15　②7　③7

2 ①30　②55　③55

ぴったり2　練習　**93**ページ　　　てびき

1 ①300＋□＝1100
　②300
　③式　1100－300＝800　　答え　800 g

┌─────────────────────────────┐
│ 🏠おうちのかたへ　□を使って話の通りに式に表す
│ ことで、式は答えを求めるためだけのものではないこ
│ とに気づかせます。
└─────────────────────────────┘

2 ①□－130＝210
　②式　210＋130＝340　　答え　340円

6 ①かごの重さとメロンの重さを合わせた重さなの
　　で、たし算でもとめます。
　　　もとめるのは、何kg何gなので、1010 gと
　　答えないようにしましょう。
　②かごの重さとりんごの重さを合わせた重さが
　　400 gです。りんごの重さは全体の重さから
　　かごの重さをひいてもとめます。

7 全体の重さから箱の重さをひくと、ボール3こ分
　の重さになります。
　　　170 g　－　80 g　＝　　90 g
　　（全体の重さ）　（箱の重さ）　（ボール3こ分の重さ）

　ボール3こ分の重さが90 gなので、90を3で
　わって、1こ分の重さをもとめます。

1 ①(かごの重さ)＋(くだものの重さ)＝(全体の重
　　さ)の式をたてます。かごの重さは300 g、く
　　だものの重さは□ g、全体の重さは1100 g
　　なので、式は、300＋□＝1100 になります。
　②
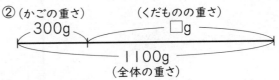
　③上の図を見て、□のもとめ方を考えましょう。
　　全体の重さからかごの重さをひいたのこりが、
　　くだものの重さなので、□＝1100－300 で
　　もとめられます。

2 ①はじめに持っていたお金から、ノートの代金を
　　ひいたものがのこったお金になります。
　②問題を図で表すと、次のようになります。
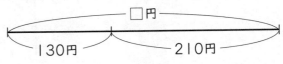
　　だから、□は、210＋130 でもとめられます。

❸ ①25
②39

しあげの5分レッスン 図に表すときは、わかっている数をはじめに全部書きこむといいよ。

❸ ①□＋21＝46
□＝46−21＝25

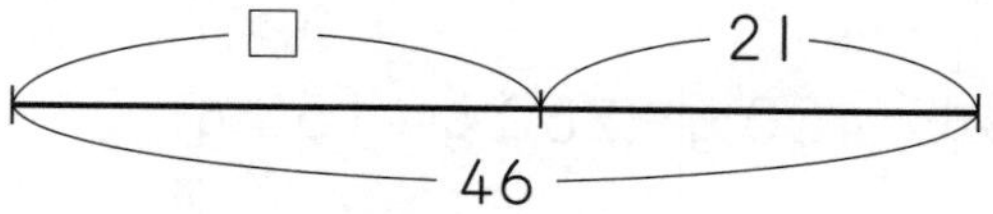

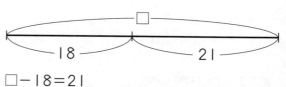

②もとめ方がわからないときは、図をかいて考えましょう。

□−18＝21
□＝21＋18＝39

ぴったり1 じゅんび 94ページ

1 (1)6 (2)①42 ②7 ③7
2 ①5 ②45 ③45

ぴったり2 練習 95ページ

❶ ①8×□＝48
②48
③式 48÷8＝6
答え 6まい

❷ ①□÷3＝5
②式 5×3＝15
答え 15さつ

てびき

❶ ①(画用紙１まいのねだん)×(画用紙のまい数)＝(代金)の式をたてます。
画用紙１まいのねだんは８円、画用紙のまい数は□まい、代金は48円なので、式は、８×□＝48となります。
②問題の図は、次のようになります。

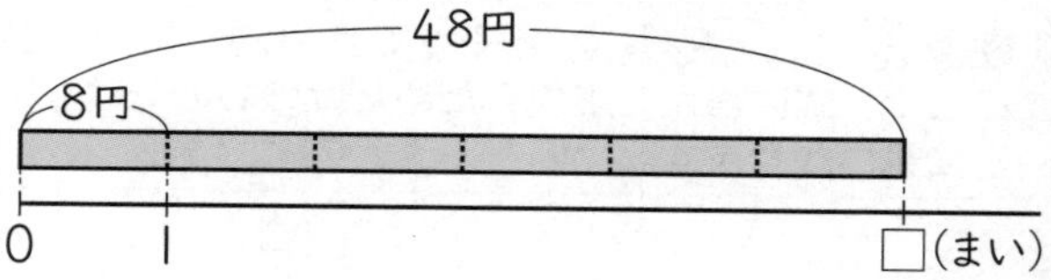

③上の図を見て、□のもとめ方を考えましょう。
□＝48÷８でもとめられます。

❷ ①わり算の式をたてます。
(はじめにあった数)÷(人数)＝(１人分の数)の式になります。
はじめにあった数が□さつ、人数が３人、１人分の数が５さつなので、式は、□÷３＝５となります。
②問題を図で表して、□のもとめ方を考えましょう。
□＝５×３でもとめられます。

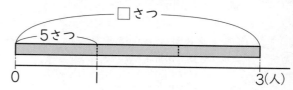

❸ ①9　②28

❸ ①□×6=54
　　□=54÷6=9
②もとめ方がわからないときは、図をかいて考え
ましょう。

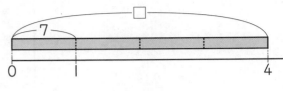

　　□÷4=7
　　□=7×4=28

ぴったり3 **たしかめのテスト**　**96～97ページ**　　**てびき**

① ①33　②43　③39
　　④43　⑤40　⑥84

① □のもとめ方がわからないときは、図に表して考
えてみましょう。
①39+□=72
　　□=72-39=33
②48+□=91
　　□=91-48=43
③□+25=64
　　□=64-25=39
④□-17=26
　　□=26+17=43
⑤□-8=32
　　□=32+8=40
⑥□-69=15
　　□=15+69=84

② ①5　②4　③7
　　④35　⑤54　⑥48

② ①□×9=45
　　□=45÷9=5
②□×8=32
　　□=32÷8=4
③7×□=49
　　□=49÷7=7
④□÷5=7
　　□=7×5=35
⑤□÷6=9
　　□=9×6=54
⑥□÷8=6
　　□=6×8=48

3 ①14＋□＝23
②式　23−14＝9

答え　9こ

4 ①□−8＝17
②式　17＋8＝25

答え　25まい

5 ①□×8＝24
②式　24÷8＝3

答え　3g

6 ①□÷6＝5
②式　5×6＝30

答え　30こ

⏱しあげの5分レッスン わからない数があるときも、□を使うと、式に表すことができるね。まずは、言葉の式で考えるしゅうかんを身につけよう。

3 ①（はじめに持っていた数）＋（お姉さんからもらった数）＝（全部の数）となります。
　はじめに持っていた数が14こ、お姉さんからもらった数が□こ、全部の数が23こなので、式は、14＋□＝23となります。
②もとめ方がわからないときは、図を使って考えましょう。

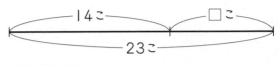

14＋□＝23
□＝23−14＝9

4 ①（さいしょにあったまい数）−（使ったまい数）＝（のこりのまい数）となります。
　さいしょにあったまい数が□まい、使ったまい数が8まい、のこりが17まいなので、式は、□−8＝17となります。
②図で表すと、次のようになります。

□−8＝17
□＝17＋8＝25

5 ①（おはじき1この重さ）×（おはじきの数）＝（全部の重さ）となります。
　おはじき1この重さが□g、おはじきの数が8こ、全部の重さが24gなので、式は、□×8＝24となります。
②図で表すと、次のようになります。

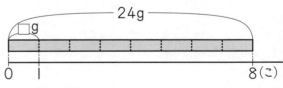

□＝24÷8＝3

6 ①（全部のいちごの数）÷（皿の数）＝（1皿のいちごの数）となります。
　全部のいちごの数が□こ、皿の数が6まい、1皿のいちごの数が5こなので、式は、□÷6＝5となります。
②図で表すと、次のようになります。

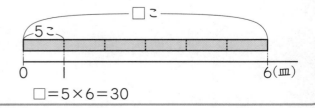

□＝5×6＝30

17 2けたの数をかける計算

1 (1)①6 ②30 ③300
(2)①7 ②56 ③560
2 (1)①3 ②36 ③360
(2)①2 ②480 ③4800

てびき

1 ①3、9、90
②7、35、350
③3、63、630
④2、88、880
2 ①80 ②60 ③630
④360 ⑤400 ⑥200

3 ①860 ②960 ③880
④2600 ⑤8400 ⑥9900

> 😊しあげの5分レッスン 何十をかける計算は「×10」の式で考えるんだね。答えの0の数に気をつけよう。

1 ①3×30は、3×3の10倍と考えます。
②5×70は、5×7の10倍と考えます。
③21×30は、21×3の10倍と考えます。
④44×20は、44×2の10倍と考えます。
2 ①4×20=4×2×10=80
②2×30=2×3×10=60
③7×90=7×9×10=630
④9×40=9×4×10=360
⑤8×50=8×5×10=400
⑥5×40=5×4×10=200
3 ①43×20=43×2×10=860
②32×30=32×3×10=960
②22×40=22×4×10=880
④130×20=130×2×10=2600
⑤210×40=210×4×10=8400
⑥330×30=330×3×10=9900

1 ①365 ②292 ③3285
2 ①2736 ②1216 ③14896

> 🏠おうちのかたへ 2けたの数をかける計算は、かける数を位ごとに分けて考えています。

てびき

1 ①682 ②736 ③784 ④990

2 ①1404 ②3432 ③1380 ④2542

3 ①3968 ②2990
③21141 ④30420

1
```
①   31    ②   23    ③   14    ④   45
   ×22       ×32       ×56       ×22
    62        46        84        90
   62        69        70        90
   682       736       784       990
```

2
```
①   54    ②   88    ③   92    ④   41
   ×26       ×39       ×15       ×62
   324       792       460        82
  108       264        92       246
  1404      3432      1380      2542
```

3
```
①   124         ②   130
   × 32            × 23
    248             390
   372             260
   3968            2990
```

33

③
```
    243
  ×  87
   1701
  1944
  21141
```
④
```
    468
  ×  65
   2340
  2808
  30420
```

④① くり上がりに気をつけて計算しましょう。

④
```
①     156   ②     473   ③     809
    ×  46       ×  38       ×  23
      936       3784       2427
     624       1419       1618
     7176      17974      18607
```

⑤ 式 365×24＝8760　　答え 8760円

⑤ （1箱のねだん）×（買った数）＝（代金）だから、かけ算の式でもとめます。
単位を、「箱」にしてしまうまちがいがあります。
代金をもとめているので、単位は「円」をつけます。

> **しあげの5分レッスン** 筆算は位をそろえて書くよ。
> くり上がりの数を小さく書いておくと、見なおしのときに役に立つよ。

ぴったり1 じゅんび　102ページ

1 (1)①10 ②10 ③450
　(2)①100 ②100 ③4500
2 266
3 ①100 ②700

ぴったり2 練習　103ページ　てびき

1 ①240
　②2400
　③24000

1 ①8×30＝8×3×10
　　　　　＝240
　②800×3＝8×3×100
　　　　　＝2400
　③800×30＝8×100×3×10
　　　　　＝8×3×1000＝24000

2 ①780
　②2400
　③21630
　④18320

2 ①答えの一の位に0を書いてから、39×2の計算をします。
```
①     39    ②     48
    ×  20       ×  50
     780       2400

③    721    ④    458
   ×  30       ×  40
   21630      18320
```

3 ①273
　②135
　③1520
　④4060

3 かけ算では、かける数とかけられる数を入れかえて計算しても答えが同じになります。このきまりを使うと計算がしやすくなります。
```
①     39    ②     27
    ×   7       ×   5
     273       135

③     19    ④     58
    ×  80       ×  70
    1520       4060
```

34

④
①510
②640
③1800
④2300

☆**しあげの5分レッスン** かけ算は計算のじゅんじょ
がかわっても、答えは同じになるね。このきまりを使っ
て、いろいろくふうして計算しよう。

④ 計算しやすいように、かけ算のじゅんじょをかえ
ましょう。

①17×5×6=17×30=510

②32×4×5=32×20=640

③25×18×4=100×18=1800

④20×23×5=100×23=2300

ぴったり3 **たしかめのテスト** 104〜105ページ ／ **てびき**

① ①10、0
②40
③28

① ①数を10倍すると、位が1つ上がります。もと
の数の右に1つ0をつけます。

②78×43 ──→ 78×3
　　　　　　→ 78×40

③289×28 ──→ 289×8
　　　　　　 → 289×20

② ①
```
    35
  ×64
   140
   210
  2240
```
②
```
   306
  × 32
   612
   918
  9792
```

② ①
```
    35
  ×64
   140
   210  ← 答えを書く位がちがいます。
   350
```
②
```
    306
  ×  32
   6012 ← 612が正しい。
   9018 ← 918が正しい。
  96192
```

③ ①250 ②360 ③640
④6600 ⑤3900 ⑥2800

③ 次のように計算しましょう。

①5×50=5×5×10=250
②12×30=12×3×10=360
③32×20=32×2×10=640
④220×30=220×3×10=6600
⑤130×30=130×3×10=3900
⑥140×20=140×2×10=2800

④ ①
```
    31
  ×42
    62
   124
  1302
```
②
```
    68
  ×34
   272
   204
  2312
```
③
```
    34
  ×93
   102
   306
  3162
```
④
```
   421
  × 63
  1263
  2526
 26523
```
⑤
```
   602
  × 25
  3010
  1204
 15050
```
⑥
```
    32
  ×900
 28800
```

④ くり上がりに気をつけましょう。

⑥
```
     32
  ×900
  28800
```
← 先に0を2つ
書いてから、
32×9を
計算します。

35

⑤ ①328 ②252 ③3120

⑥ ①380 ②2700

⑦ 式 15×12＝180   180－11＝169
                              答え 169 cm

┌─────────────────────────────────┐
│ ⏱しあげの5分レッスン くり上がりに気をつけて、│
│ 計算ができたかな。どこでまちがえたのかを、かくに│
│ んしておくことが大切だよ。   │
└─────────────────────────────────┘

⑤ かけ算では、かける数とかけられる数を入れかえて
計算しても答えが同じになるので、入れかえて計算
しましょう。

①   4 1   ②   2 8   ③   3 9
  ×   8   ×   9   ×8 0
  ─────   ─────   ─────
  3 2 8   2 5 2   3 1 2 0

⑥ かけ算のじゅんじょをかえて、計算がしやすくな
るようにくふうします。

①19×4×5＝19×20＝380
②25×27×4＝100×27＝2700

⑦ テープを 12 本はり合わせるときにできるのりし
ろの数は 11。
のりしろは 1 cm だから、1×11＝11（cm）を、
15×12＝180（cm）からひいた長さが答えにな
ります。

⑱ 倍とかけ算、わり算

ぴったり１ じゅんび 106ページ

❶ ①4 ②4 ③12
❷ ①20 ②4 ③4

ぴったり２ 練習 107ページ   てびき

❶ 式 250×3＝750   答え 750 mL

❷ 式 27÷9＝3   答え 3倍

❸ 式 32÷8＝4   答え 4倍

❹ 式 30÷6＝5   答え 5 cm

❶ もとにする 250 mL の 3 倍のかさなので、
250×3 となり、答えは 750 mL です。

❷ 9×□＝27 の□にあてはまる数なので、
27÷9 となり、答えは 3 倍です。

❸ 8×□＝32 の□にあてはまる数なので、
32÷8 となり、答えは 4 倍です。

❹ □×6＝30 の□にあてはまる数なので、
30÷6 となり、答えは 5 cm です。

┌─────────────────────────────────┐
│ ⏱しあげの5分レッスン もとにする大きさをもとめるときは、図に表したり、□を使った式に表したりすると、どの│
│ ようにもとめるかが考えやすくなるね。   │
└─────────────────────────────────┘

★ そろばん

ぴったり１ じゅんび 108ページ

❶ (1)26 (2)8090 (3)20407 (4)3.9
❷ (1)38 (2)8 (3)51 (4)6

🏠おうちのかたへ そろばんは、昔から使われている計算
の道具です。算数では、3年と4年で学習します。

1 ①805 ②57.2

┌─────────────────────────────────┐
⏱️**しあげの5分レッスン** 五玉は人さしゆびで、おい
たり、はらったりするよ。一玉は親ゆびでおいて、人
さしゆびではらうよ。
└─────────────────────────────────┘

2 ①39 ②75 ③44
④6 ⑤14 ⑥12

3 ①11 ②31 ③2
④2 ⑤5 ⑥7

4 ①8万 ②6万 ③3万
④1.4 ⑤0.4 ⑥0.9

1 定位点のあるけたが一の位です。
②定位点の1つ右の位は、
$\frac{1}{10}$の位です。

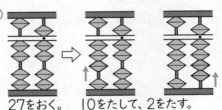
定位点
一の位
$\frac{1}{10}$の位

2 左のはしからじゅんに計算します。
①
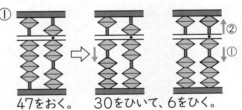
27をおく。　10をたして、2をたす。

3 ひき算も、左のはしからじゅんに計算します。
十の位→一の位のじゅんです。
①
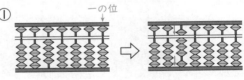
47をおく。　30をひいて、6をひく。

4 一の位の場所をわすれないようにしましょう。玉
の動かし方は大きい数でも小さい数でも同じです。
①
一の位
4万をおく。　　　4万をたす。

 ## 3年のふくしゅう

1 ①927
②4300、43
③106

1 ②430を10倍した数は、位が1つ上がり、も
との数の右に0を1つつけた数になります。
430の$\frac{1}{10}$の数は、一の位の0をとった数に
なります。
③0.1を10こ集めた数が1、100こ集めた数
が10です。10.6は、10と0.6を合わせた
数なので、0.1を106こ集めた数といえます。

② 分数…$\frac{7}{10}$　小数…0.7

③ ①＜　②＝

④ ①541　②673
　 ③7263　④8あまり1

⑤ 式　4.2+0.9=5.1　　　　　　答え　5.1m

⑥ 式　$1-\frac{2}{5}=\frac{3}{5}$　　　　　　答え　$\frac{3}{5}$L

⑦ 式　20×34=680　　　　答え　680まい

⑧ 式　38÷5=7あまり3
　 　　7+1=8　　　　　　　　答え　8台

② 数直線の1めもりは、1を10等分した1つ分なので、$\frac{1}{10}$ です。小数で表すと、0.1になります。
　 アは、めもり7つ分なので、分数で表すと $\frac{7}{10}$、小数で表すと、0.7になります。

③ ①$\frac{3}{10}$ を小数で表すと、0.3です。
　 ②$\frac{8}{8}$ のように、分母と分子の数が同じ分数は、1になります。

④ ④あまりが、わる数より小さくなっていることをたしかめておきましょう。
　 57÷7＝7あまり8は、あまりがわる数より大きいのでまちがいです。

⑤ 小数のたし算も、位をそろえて小さな位からじゅん番に計算します。
　 さいごに小数点をわすれずにうちましょう。

⑥ $1=\frac{5}{5}$ として計算します。
　 $1-\frac{2}{5}=\frac{5}{5}-\frac{2}{5}=\frac{3}{5}$

⑦ 20×34の計算は、かける数とかけられる数を入れかえるとかんたんになります。
　 20×34＝34×20＝34×2×10＝680

⑧ 5人ずつすわっていくと、いすが7台で、35人すわれます。あまった3人がすわるいすもひつようなので、1をたします。
　 1をたすのをわすれないようにしましょう。

まとめのテスト　111ページ　　　てびき

① (午前)11時20分

② ①mm　②km　③m
③ 350m

④ 32kg 500g（32.5kg）

① 時計の時こくは、午前10時50分をさしています。11時までに10分たち、そこから20分たった時こくなので、午前11時20分です。

② ②mだと、短すぎます。

③ 道にそってはかった長さを道のり、まっすぐにはかった長さをきょりといいます。
　 しょうたさんの家からゆうびん局までの道のりは、
　 400＋350＋200＝950(m)です。
　 きょりは600mだから、ちがいは、
　 950－600＝350(m)です。

④ 30kgと35kgの間の5kgが10こに分けられています。5kgは5000gなので、1めもりは500gです。

⑤ ①6 cm ②36 cm

⑥ ①エ ②直径 ③8 cm

⑦ ①

4cm 4cm
2cm

②

3cm 3cm
3cm

①…二等辺三角形 ②…正三角形

---

❶ ①8 ②23

❷ 900

❸ ①48
②□×6＝48
③式 48÷6＝8   答え 8円

---

⑤ ①ボール2こ分の長さが24 cm ですから、1こ分の長さは12 cm となり、これが直径となります。半径は直径の半分の長さです。
②たての長さはボール3こ分の長さです

⑥ 円の中心を通る直線がいちばん長い直線で、これが直径です。直径は、半径の2倍の長さです。

⑦ ①はじめに2 cm の辺をかきましょう。
2つの辺の長さが等しい三角形なので、二等辺三角形です。
②3つの辺の長さが等しい三角形なので、正三角形です。

❶ ①かけられる数とかける数を入れかえて計算しても、かけ算の答えは同じです。
②かける数を2つに分けて計算することもできます。

❷ かけ算では、じゅん番をかえて計算しても、答えは同じです。
$$25×9×4＝9×25×4$$
$$=9×100$$
$$=900$$
とすると、かんたんに計算できます。

❸ ①アは、ガム6こ分の代金です。

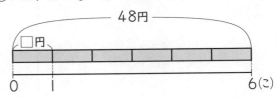

②(ガム1こ分のねだん)×(ガムの数)＝(ガムの代金)です。
ガム1こ分は□円、ガムの数は6こ、ガムの代金は48円ですから、式は
□×6＝48 となります。
③□×6＝48
□＝48÷6＝8

4 ①2人

②ア…1　イ…60

③
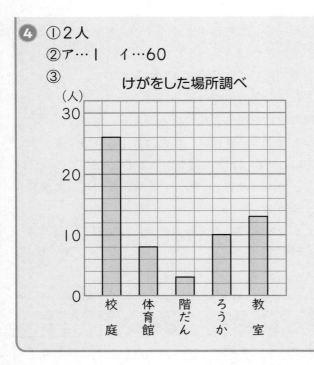

けがをした場所調べ

(人)

30

20

10

0

校庭　体育館　階だん　ろうか　教室

4 ①表の3年生の列と、校庭の列がまじわっている
ところの数字を読みます。

②階だんでけがをした人の合計が3人です。
1年生の2人をひいた数がアに入ります。

③グラフの1めもりは、2人を表しています。
階だんの3人や、教室の13人は、めもりとめ
もりの間にかきます。

てびき

1 ①4 ②8 ③3 ④5

2 ①80
　②1、10

3 ①2人
　②7人

4 ①8002
　②3928

5 ①0
　②100

6 ①8　②7　③0　④1
　⑤5あまり7　⑥7あまり3

---

1 かけ算のしくみが理かいできているかをみる問題です。できなかったら、九九の表を見て、いろいろな九九の答えを調べてみましょう。
　①②かける数が1ふえると、答えはかけられる数だけふえ、かける数が1へると答えはかけられる数だけへります。
　③かけられる数とかける数を入れかえて計算しても、答えは同じです。
　④かける数を2つに分けて考えることができます。

2 1分＝60秒です。
　①1分20秒＝60秒＋20秒＝80秒
　②70秒＝60秒＋10秒

3 ぼうグラフによって、1目もりの表す数がちがいます。ぼうグラフを見るときは、まず1目もりの大きさをたしかめます。
　①目もりの数字に気をつけて読み取りましょう。
　　2、4、6、…と2ずつふえているので、1目もりは2人を表しています。
　②6と8の目もりの間までぼうがのびているので、メロンがすきな人は7人です。

4 くり上がりやくり下がりに気をつけて計算します。

$$
\begin{array}{r}
\overset{1\ 1\ 1}{6274} \\
+\ 1728 \\
\hline
8002
\end{array}
\qquad
\begin{array}{r}
\overset{9\ 9}{3\ \cancel{1}\cancel{0}\cancel{0}6} \\
4006 \\
-\quad\ \ 78 \\
\hline
3928
\end{array}
$$

5 ①どんな数に0をかけても、答えは0になります。

6 ①5のだんの九九を使います。
　②3のだんの九九を使います。
　③0を0でないどんな数でわっても、答えは0になります。
　④わられる数とわる数が同じときは、答えは1になります。
　⑤⑥あまりがわる数より小さくなっていることをたしかめておきましょう。

7 ①式　289+293=582　　　答え　582人
　　②式　293−289=4　　　　答え　4人

8 ①式　20÷5=4　4÷2=2
　　　　　　　　　　　　　　答え　2cm
　　②式　4×2=8
　　　　　　　　　　　　　　答え　8cm

9 式　40÷6=6あまり4
　　　　6+1=7　　　　　　　答え　7こ

10 ①9
　　②3組の西町の人数
　　③119人

7 たし算、ひき算の式が正かくにたてられるかをみる問題です。考え方は2けたのたし算やひき算と同じです。
①午前の人数と午後の人数を合わせた数をもとめるのでたし算の式をたてます。
くり上がりに気をつけて計算しましょう。
②多いほうから少ないほうをひいて、人数のちがいをもとめます。

8 箱と球の問題です。とてもよく出る問題です。箱の長さが直径の何こ分かを考えることがポイントです。
①箱にすき間なく入っているので、ボールの直径の5こ分が箱の横の長さです。
箱の横の長さは20cmなので、
ボールの直径は、20÷5=4（cm）。
半径は直径の半分の長さなので、
4÷2=2（cm）となります。
②箱のたての長さは、ボールの直径の2こ分です。
ボールの直径は4cmなので、
4×2=8（cm）となります。

9 あまりのあるわり算の文章題です。あまった分をどのようにするのかを、問題をよく読んで考えましょう。
りんご40こを6こずつ箱に入れると、6箱できて、4こあまってしまいます。
あまった4こも箱に入れなくてはいけないので、もう1こ箱がいります。だから、箱の数は
6+1=7（こ）になります。

10 2つのことがらをわかりやすくまとめた表を読み取る問題です。じっさいに表を作ってみると、わかりやすくなります。
①西町の合計が38人です。この人数から2組と3組の西町のそれぞれの人数をひけば、1組の西町の人数がわかります。
38−15−14=9（人）
②14のたてのらんと、横のらんをたしかめます。
③たての合計と横の合計は同じ数になり、これが3年生全部の人数です。

11 4、12本

11 わり算とかけ算を使う問題です。じゅんにならんでいるとき、1つのまとまりとみることができると、わり算が使えます。わからないときは図をかいてみましょう。

「赤・赤・白・黄色」のまとまりは 24÷4＝6 で、6つできます。

1つのまとまりに、赤が2つずつあるので、赤いチューリップの本数は
2×6＝12（本）になります。

1 ①8、5
②3.6
③35
④76272800、762728

2 ①2、2
②3、3

3 ①1400
②3、50

4 ①< ②>

5 ①$\frac{3}{5}$ ②$1\left(\frac{7}{7}\right)$

6 ①1.3 ②0.5

7 ①195 ②522
③2946 ④5624

てびき

1 数のしくみについての問題です。分数、小数の意味をもう一度かくにんしましょう。
10倍したり、10でわったりすると位がどうなるかもおぼえておきましょう。
②0.1を10こ集めた数が1だから、36こ集めた数は、3.6になります。
④10倍すると、位が1つ上がり、0が1こつきます。10でわると、位が1つ下がり、0を1ことります。

2 二等辺三角形と正三角形のせいしつについての問題です。2つの三角形のせいしつをしっかりおぼえましょう。
①二等辺三角形は、2つの辺の長さが等しく、2つの角の大きさが等しい三角形です。
②正三角形は、3つの辺の長さが等しく、3つの角の大きさが等しい三角形です。

3 長さの単位の問題です。1km＝1000mのかんけいをしっかりおぼえましょう。

4 数の大小をくらべる問題です。分数と小数をくらべるときは、分数を小数になおして考えるようにします。
①$\frac{7}{10}$を小数になおすと、0.7です。
②大きい位からくらべましょう。一万の位が同じ数字なので、千の位をくらべます。

5 計算問題は、くりかえし練習することが大切です。
①分母が同じときは、分子どうしをたします。
②答えは$\frac{7}{7}$なので、1になります。

6 ①小数点をそろえて、計算します。
②12－7＝5と計算してから、小数点をうちます。一の位に0を書くのをわすれないようにします。

7 ①　　39
　　×　5
　　195

②　　87
　　×　6
　　522

③　491
　　×　6
　2946

④　703
　　×　8
　5624

④かけられる数に0があるときは位に気をつけましょう。

8 ①30

　　②12

9 式 $\frac{4}{5} - \frac{1}{5} = \frac{3}{5}$

　　　　　　　　　　答え $\frac{3}{5}$ m

10 ①　　　　　　　②

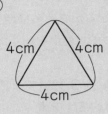
　正三角形

　二等辺三角形

11 式　125×4＝500

　　　　　　　　　　答え　500円

12 式　2−0.3＝1.7

　　　　　　　　　　答え　1.7 L

13 13こ

14 オ

8 ①60 は 10 が 6 こだから、6÷2＝3

　　　10 が 3 こだから、60÷2＝30

　②位ごとに分けて考えます。

　　40÷4＝10　8÷4＝2　10＋2＝12

9 分数の文章題です。考え方は整数の文章題と同じです。

赤いリボンのほうが短いので、ひき算の式でもとめます。分数の計算は、分母が同じときは分子どうしを計算します。

10 正三角形と二等辺三角形をかく問題です。

じょうぎとコンパスを使って、いろいろな三角形をかけるようにしておきましょう。

①はじめに 4 cm の辺をひきます。次にコンパスを 4 cm に開いて、4 cm のはしの点から円を 2 つかいて、交わった点とむすびます。

②はじめに 2 cm の辺をひきます。次にコンパスを 3 cm に開いて、2 cm のはしの点から円を 2 つかいて、交わった点とむすびます。

11 かけ算の式をたてる問題です。図をかいて考えてみましょう。

「1 つ分の大きさ」×「いくつ分」＝「全体の大きさ」になります。この問題では「1 つ分の大きさ」が 125 円、「いくつ分」が 4 こなので「全体の大きさ」は、125×4 の式でもとめられます。

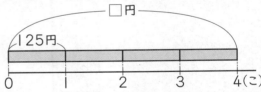

12 小数のひき算も整数の問題と同じように考えます。

2 L から、飲んだ分の 0.3 L をひいてもとめます。

2−0.3 の計算をするときは、2 を 2.0 と考えて計算しましょう。

13 正三角形をさがす問題です。大・中・小の正三角形すべて数えなくてはいけません。

小さい正三角形が 9 こ、正三角形が 4 つ集まってできた正三角形が 3 こ、大きな正三角形が 1 こで、全部で 13 こです。

14 3 人のことばから、答えをもとめる問題です。

よく読むと答えは 1 つしかないので、あわてずに問題にとりくむことが大切です。

ゆみさんが言っているのは、アかウかオです。

けんたさんが言っているのは、アかオです。

えいこさんが言っているのは、エかオです。

3 人のことばを合わせると、パン屋さんはオだということがわかります。

てびき

1 ①10、0
②23

1 かけ算のしくみやきまりが理かいできているかを
みる問題です。ここがしっかり理かいできている
と、大きな数の計算もできるようになります。
①3×70＝3×7×10 と考えて計算します。
②かける数を分けて計算しても、かけられる数を
分けて計算しても、答えは同じになります。

2

①
$$\begin{array}{r} 42 \\ \times 36 \\ \hline 252 \\ 126 \\ \hline 1512 \end{array}$$

②
$$\begin{array}{r} 35 \\ \times 60 \\ \hline 2100 \end{array}$$

2 かけ算の筆算が正しくできるかをみる問題です。
まちがえやすいところなので、何度もかくにんし
ましょう。
①42×30 のところを、42×3 として計算して
います。かけ算の筆算は、答えを書く位に気を
つけましょう。
②くり上げをしないで計算しています。

3 ①6000
②4、200
③5000

3 重さの単位の問題です。長さ、かさ、重さの単位
のしくみはとても大切なので、しっかりおぼえま
しょう。
①②1kg＝1000g です。
③1t＝1000kg です。大きな重さの単位もお
ぼえておきましょう。

4 ①240　②2600

4 何十のかけ算の問題です。くふうして計算できる
ように、くりかえし練習しておきましょう。
①8×30＝8×3×10 として計算します。
②130×20＝130×2×10 として計算します。

5

①
$$\begin{array}{r} 28 \\ \times 53 \\ \hline 84 \\ 140 \\ \hline 1484 \end{array}$$

②
$$\begin{array}{r} 49 \\ \times 45 \\ \hline 245 \\ 196 \\ \hline 2205 \end{array}$$

③
$$\begin{array}{r} 147 \\ \times 12 \\ \hline 294 \\ 147 \\ \hline 1764 \end{array}$$

④
$$\begin{array}{r} 206 \\ \times 25 \\ \hline 1030 \\ 412 \\ \hline 5150 \end{array}$$

5 位をそろえて計算します。くり上がりに気をつけ
ましょう。くり上がる数は小さく書いて、消さず
にのこしておくとよいでしょう。

6 ①34
②42
③9
④63

6 □にあてはまる数をもとめる問題です。わからな
いときは、図に表してみましょう。
①86−52＝34
②35＋7＝42
③72÷8＝9
④9×7＝63

7 式　450g−80g=370g

　　　　　答え　370g

8 式　55×26=1430

　　　　　答え　1430円

9 ①□−7=24
　　②式　24+7=31

　　　　　答え　31まい

10 ①□÷8=6
　　②式　6×8=48

　　　　　答え　48こ

11 式　210×2=420

　　　　　答え　420円

12 式　15÷3=5

　　　　　答え　5dL

---

7 入れ物に入れてはかったときの重さの問題です。
全体の重さから入れ物の重さをひくことがポイントです。
まず、はかりの1目もりが何gを表すかをたしかめましょう。
はかりのはりは、450gをさしています。
(かごの重さ)＋(くだものの重さ)が
450gですから、くだものの重さは、450gからかごの重さをひいたものになります。
かごの重さは80gなので、くだものの重さは、
450g−80g=370gです。

8 (1つ分の大きさ)×(いくつ分)=(全体の大きさ)
です。
1つ分の大きさが55円で、それが26本分なので、55×26=1430(円)となります。

9 ①図に表すと次のようになります。

②図を見ると、□=24+7でもとめられることがわかります。

10 ①図に表すと次のようになります。

②図を見ると、□=6×8でもとめられることがわかります。

11 もとにする210円の2倍のねだんなので、
210×2となり、答えは420円です。

12 □×3=15の□にあてはまる数なので、15÷3
となり、答えは5dLです。

1 ①99064000　②35200000

2 ①0　②60　③3　④42　⑤902
　　⑥588　⑦1075　⑧4875

3 ①0.4 dL　②2.9 cm

4 ①$\frac{2}{5}$　②$\frac{4}{7}$

5 ①＞　②＜　③＝　④＜

6 ①7010　②60　③1、27　④5

7 ①420　②3、600

8 ①　　　　　　　　②

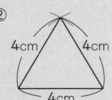

9

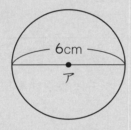

10 ①6cm　②18cm

11 ①式　40÷8＝5　　　　　　答え　5こ
　　②式　40÷6＝6あまり4
　　　　　（6＋1＝7）　　　　答え　7こ

12 ①38－□＝25　②13

13 ①（円）おかしのねだん
　　②おかしは、
　　　ガム、
　　　グミ、
　　　クッキー
　　　が買えて、
　　　合計は290円
　　　です。

14 ①式　390＋700＝1090
　　　　　（1090 m＝1 km 90 m）
　　　　　　　　　　答え　1 km 90 m
　　②近いのは、㋐の道
　　　わけ…（れい）㋐の道のりは1370 m、
　　　　㋑の道のりは1530 mで、㋐
　　　の道のりのほうが短いから。

3 ①1 dL を 10 等分したうちの 4 こ分なので、
　　0.1 dL が 4 こ分で 0.4 dL です。

4 ①1 m を 5 等分した 1 こ分は $\frac{1}{5}$ m だから、2 こ分は
　　$\frac{2}{5}$ m です。

6 ①1 km＝1000 m　②③1 分 ＝60 秒　④1000 g＝1 kg

7 ①いちばん小さい 1 目もりは 5 g です。
　　②いちばん小さい 1 目もりは 20 g です。

8 どちらもまずは 1 つの辺をかきます。その辺のりょうはし
　　にコンパスのはりをさして、それぞれの辺の長さを半径と
　　する円をかきます。円の交わる点がちょう点です。
　　①は、3 cm の辺をいちばん下にかいても正かいです。

9 直径 6 cm の円は、半径が 3 cm になるので、コンパスの
　　はりとしんの間は 3 cm にします。

10 ①箱の横の長さは 12 cm で、横はボールの直径 2 こ分の
　　　長さなので、ボールの直径は、12÷2＝6 で 6 cm です。
　　②箱のたての長さはボールの直径 3 こ分の長さなので、
　　　6×3＝18 で、18 cm です。

11 ①同じ数ずつ分けるので、わり算を使います。
　　②40÷6＝6 あまり 4 なので、6 こずつ箱に入れると、
　　　6 こ入った箱は 6 こできて、4 このたまごがあまります。
　　　そこで、このあまったたまごを入れるために、もう 1 こ
　　　の箱がいります。だから、6＋1＝7 で、7 この箱がい
　　　ります。6＋1＝7 という式ははぶいて、答えを 7 こと
　　　していても正かいです。

12 ① はじめの数 － 食べた数 ＝ のこりの数
　　② ←　38こ　→　　　□ ＝38－25
　　　 □こ　25こ　　　□ ＝13

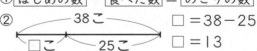

13 ①ぼうグラフの 1 目もりは、10 円です。
　　②3 このねだんをたして、300 円にいちばん近くなるも
　　　のを考えます。ぼうグラフをみて考えたり、いろいろな
　　　組み合わせで合計を考えたり、くふうして答えをもとめ
　　　ます。また、ガム、グミ、クッキーのじゅん番は、入れ
　　　かわっていても正かいです。

14 ①1090m＝1 km 90 m という式ははぶいて、答えを
　　　1 km 90 m としていても正かいです。
　　②㋐の道のりは、420＋950＝1370（m）、
　　　㋑の道のりは、650＋880＝1530（m）です。
　　　わけは、「㋐の道のりが 1370 m」「㋑の道のりが 1530 m」
　　　「㋐の道のりのほうが短い」ということが書けていれば正
　　　かいです。もちろん上の計算を書いていても正かいです。

計算
せんもんドリル

3年

3年　　組

特色と使い方

● このドリルは、計算力を付けるための計算問題をせんもんにあつかったドリルです。

● 教科書ぴったりトレーニングに、このドリルの何ページをすればよいのかが書いてあります。教科書ぴったりトレーニングにあわせてお使いください。

🐾 もくじ 🐾

🏠 おうちのかたへ

・お子さまがお使いの教科書や学校の学習状況により、ドリルのページが前後したり、学習されていない問題が含まれている場合がございます。お子さまの学習状況に応じてお使いください。

・お子さまがお使いの教科書により、教科書ぴったりトレーニングと対応していないページがある場合がございますが、お子さまの興味・関心に応じてお使いください。

1 10 や 0 のかけ算

1 次の計算をしましょう。　　　　　　　月　日

① 2×10　　　　② 8×10

③ 3×10　　　　④ 6×10

⑤ 1×10　　　　⑥ 10×7

⑦ 10×4　　　　⑧ 10×9

⑨ 10×5　　　　⑩ 10×10

2 次の計算をしましょう。　　　　　　　月　日

① 3×0　　　　② 5×0

③ 1×0　　　　④ 2×0

⑤ 6×0　　　　⑥ 0×8

⑦ 0×4　　　　⑧ 0×9

⑨ 0×7　　　　⑩ 0×0

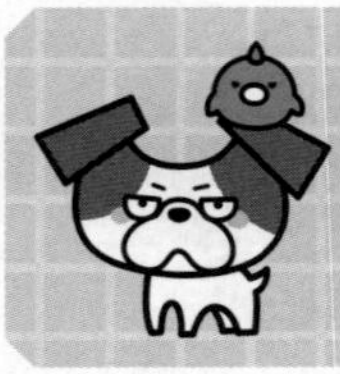

2 わり算①

★できた問題には、「た」をかこう！

1 でき　2 でき

1 次の計算をしましょう。

月　日

① $8 \div 2$　② $15 \div 5$

③ $0 \div 4$　④ $40 \div 8$

⑤ $14 \div 7$　⑥ $36 \div 4$

⑦ $48 \div 6$　⑧ $6 \div 1$

⑨ $63 \div 9$　⑩ $24 \div 3$

2 次の計算をしましょう。

月　日

① $6 \div 6$　② $36 \div 9$

③ $18 \div 2$　④ $45 \div 5$

⑤ $12 \div 4$　⑥ $63 \div 7$

⑦ $25 \div 5$　⑧ $0 \div 3$

⑨ $64 \div 8$　⑩ $2 \div 1$

3 わり算②

1 次の計算をしましょう。   月   日

① $6 \div 2$ ② $35 \div 5$

③ $15 \div 3$ ④ $42 \div 7$

⑤ $16 \div 8$ ⑥ $0 \div 5$

⑦ $8 \div 1$ ⑧ $72 \div 9$

⑨ $54 \div 6$ ⑩ $16 \div 4$

2 次の計算をしましょう。   月   日

① $10 \div 5$ ② $36 \div 6$

③ $81 \div 9$ ④ $56 \div 8$

⑤ $12 \div 3$ ⑥ $1 \div 1$

⑦ $14 \div 2$ ⑧ $48 \div 8$

⑨ $56 \div 7$ ⑩ $8 \div 4$

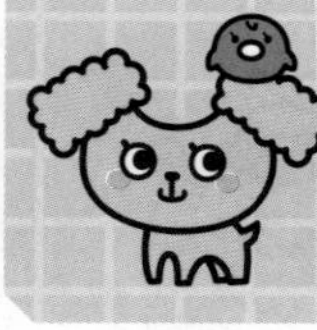

4 わり算③

★できた問題には、「た」をかこう！

1 でき　2 でき

1 次の計算をしましょう。

月　日

① 21÷3　② 45÷9

③ 28÷4　④ 72÷8

⑤ 4÷1　⑥ 30÷5

⑦ 49÷7　⑧ 24÷6

⑨ 27÷3　⑩ 16÷2

2 次の計算をしましょう。

月　日

① 8÷8　② 20÷4

③ 9÷3　④ 40÷5

⑤ 18÷9　⑥ 4÷2

⑦ 28÷7　⑧ 0÷1

⑨ 42÷6　⑩ 35÷7

5 わり算④

★できた問題には、「た」をかこう！

1 できた　2 できた

1 次の計算をしましょう。

月　日

① 24÷4　② 63÷9

③ 18÷6　④ 5÷1

⑤ 16÷8　⑥ 56÷7

⑦ 20÷5　⑧ 12÷3

⑨ 0÷6　⑩ 18÷2

2 次の計算をしましょう。

月　日

① 36÷9　② 32÷4

③ 6÷3　④ 9÷1

⑤ 45÷5　⑥ 81÷9

⑦ 12÷2　⑧ 24÷8

⑨ 48÷6　⑩ 7÷7

6 大きい数のわり算

1 次の計算をしましょう。

月 日

① 30÷3

② 50÷5

③ 80÷8

④ 60÷6

⑤ 70÷7

⑥ 40÷2

⑦ 60÷2

⑧ 80÷4

⑨ 90÷3

⑩ 60÷3

2 次の計算をしましょう。

月 日

① 28÷2

② 88÷4

③ 39÷3

④ 26÷2

⑤ 48÷4

⑥ 86÷2

⑦ 42÷2

⑧ 84÷4

⑨ 55÷5

⑩ 69÷3

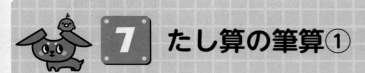

7 たし算の筆算①

1 次の計算をしましょう。

月　日

① 　815
　+144

② 　234
　+646

③ 　543
　+308

④ 　271
　+476

⑤ 　475
　+148

⑥ 　433
　+479

⑦ 　597
　+255

⑧ 　865
　+505

⑨ 　842
　+698

⑩ 　996
　+　　7

2 次の計算を筆算でしましょう。

月　日

① 579+321

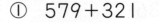

② 365+47

③ 478+965

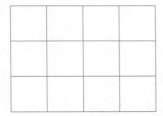

④ 35+978

8 たし算の筆算②

1 次の計算をしましょう。　　　　　　　　　　月　　日

① 　432
　+254

② 　169
　+828

③ 　508
　+406

④ 　690
　+154

⑤ 　366
　+465

⑥ 　261
　+449

⑦ 　646
　+ 75

⑧ 　856
　+707

⑨ 　645
　+689

⑩ 　 37
　+988

2 次の計算を筆算でしましょう。　　　　　　　月　　日

① 429+473

② 489+886

③ 212+788

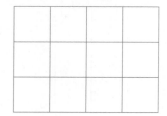

④ 942+69

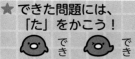
1 次の計算をしましょう。　　　　　　　月　　日

① 　143
　+449

② 　163
　+808

③ 　797
　+182

④ 　　92
　+152

⑤ 　185
　+397

⑥ 　294
　+478

⑦ 　357
　+　46

⑧ 　874
　+836

⑨ 　466
　+838

⑩ 　995
　+　　9

2 次の計算を筆算でしましょう。　　　　月　　日

① 695+6

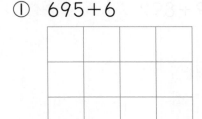

② 897+394

③ 947+89

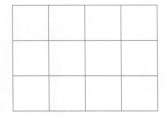

④ 97+906

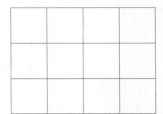

10 たし算の筆算④

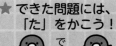

★ できた問題には、
「た」をかこう！

1 でき　　2 でき

1 次の計算をしましょう。　　月　　日

```
①    378      ②    405      ③    281      ④    398
    +413          +207          +171          +451
```

```
⑤    579      ⑥    596      ⑦     19      ⑧    886
    +238          +118          +794          +765
```

```
⑨    879      ⑩    986
    +934          + 79
```

2 次の計算を筆算でしましょう。　　月　　日

① 25+776

② 579+892

③ 657+545

④ 992+9

11 ひき算の筆算①

1 次の計算をしましょう。　　　　　月　　日

①
```
  487
- 366
```

②
```
  584
- 335
```

③
```
  887
- 239
```

④
```
  275
-  49
```

⑤
```
  627
- 436
```

⑥
```
  809
- 352
```

⑦
```
  356
- 295
```

⑧
```
  431
- 187
```

⑨
```
  517
- 399
```

⑩
```
  521
- 498
```

2 次の計算を筆算でしましょう。　　　　　月　　日

① 440－279

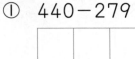

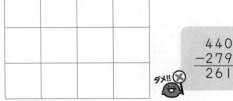

```
  440
- 279
  261
```
ダメ!! ✗

② 212－46

③ 708－19

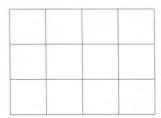

④ 900－414

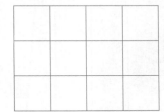

12 ひき算の筆算②

1 次の計算をしましょう。　　　　　　月　　日

① 　264
　－134

② 　854
　－749

③ 　860
　－748

④ 　895
　－836

⑤ 　563
　－391

⑥ 　748
　－178

⑦ 　208
　－ 52

⑧ 　758
　－169

⑨ 　814
　－467

⑩ 　300
　－196

2 次の計算を筆算でしましょう。　　　　　月　　日

① 331－237

② 803－608

③ 700－5

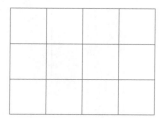

④ 1000－738

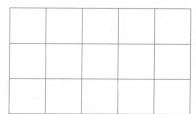

13 ひき算の筆算③

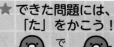
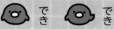

1 次の計算をしましょう。

月　　　日

①	②	③	④
633 −132	785 −129	571 −148	795 − 56

⑤	⑥	⑦	⑧
926 −495	678 −498	805 −744	932 −777

⑨	⑩
822 −256	800 − 86

2 次の計算を筆算でしましょう。

月　　　日

① 895−699

② 502−493

③ 400−8

④ 1000−57

14 ひき算の筆算④

1 次の計算をしましょう。

```
①    787        ②    673        ③    634        ④    974
    -415            -544            -506            -947
```

```
⑤    928        ⑥    585        ⑦    533        ⑧    912
    -343            -395            -471            -283
```

```
⑨    824        ⑩   1000
    - 36            - 439
```

2 次の計算を筆算でしましょう。

① 920-722

② 806-719

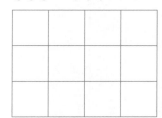

③ 800-711

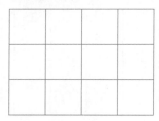

④ 700-69

1 次の計算をしましょう。

月　　日

```
①    5120        ②    5693        ③    1412
   +3504           +  255           +4952
```

```
④     938        ⑤    6579        ⑥    5878
   +7856           +2228           +1951
```

```
⑦    5397        ⑧    2939        ⑨    6546
   +  876           +3967           +2586
```

2 次の計算を筆算でしましょう。

月　　日

① 1929＋5165　　　② 8357＋368

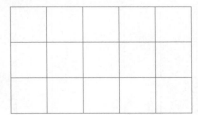
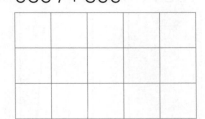

③ 7938＋1192　　　④ 48＋4782

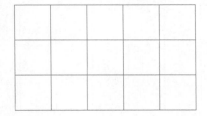
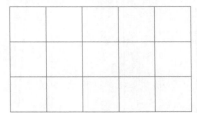

16　4けたの数のひき算の筆算

★できた問題には、「た」をかこう！
でき ① 　でき ②

1 次の計算をしましょう。　月　日

① 　3744
　－　531

② 　7769
　－7748

③ 　8833
　－3805

④ 　1763
　－　839

⑤ 　6997
　－6399

⑥ 　9145
　－　153

⑦ 　4251
　－　963

⑧ 　3601
　－　808

⑨ 　7000
　－　833

2 次の計算を筆算でしましょう。　月　日

① 4037－1635

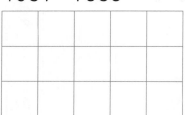

② 8183－3505

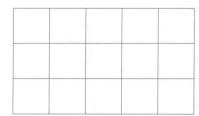

③ 5501－2862

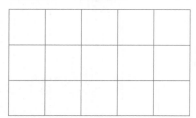

④ 8007－58

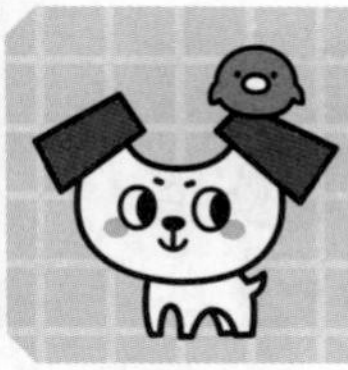

17 たし算の暗算

★できた問題には、「た」をかこう！

1 でき　2 でき

1 次の計算をしましょう。　　月　日

① 12＋32　　② 48＋31

③ 37＋22　　④ 54＋34

⑤ 73＋15　　⑥ 33＋50

⑦ 12＋68　　⑧ 35＋25

⑨ 14＋56　　⑩ 33＋27

2 次の計算をしましょう。　　月　日

① 18＋28　　② 67＋25

③ 77＋16　　④ 59＋26

⑤ 42＋39　　⑥ 24＋37

⑦ 68＋19　　⑧ 39＋35

⑨ 67＋40　　⑩ 44＋82

18 ひき算の暗算

1 次の計算をしましょう。　　　　　　　　　　　月　日

① 44−23　　　　② 65−52

③ 38−11　　　　④ 77−56

⑤ 88−44　　　　⑥ 69−30

⑦ 46−26　　　　⑧ 93−43

⑨ 60−24　　　　⑩ 50−25

2 次の計算をしましょう。　　　　　　　　　　　月　日

① 51−13　　　　② 63−26

③ 86−27　　　　④ 72−34

⑤ 31−18　　　　⑥ 56−39

⑦ 75−47　　　　⑧ 96−18

⑨ 100−56　　　　⑩ 100−73

19 あまりのあるわり算①

1 次の計算をしましょう。　　　　　　　月　　日

① 7÷2　　　　　　　② 12÷5

③ 23÷3　　　　　　④ 46÷8

⑤ 77÷9　　　　　　⑥ 22÷6

⑦ 40÷7　　　　　　⑧ 17÷4

⑨ 19÷2　　　　　　⑩ 35÷6

2 次の計算をしましょう。　　　　　　　月　　日

① 11÷3　　　　　　② 19÷7

③ 35÷4　　　　　　④ 49÷5

⑤ 58÷6　　　　　　⑥ 9÷2

⑦ 23÷5　　　　　　⑧ 16÷9

⑨ 45÷7　　　　　　⑩ 71÷8

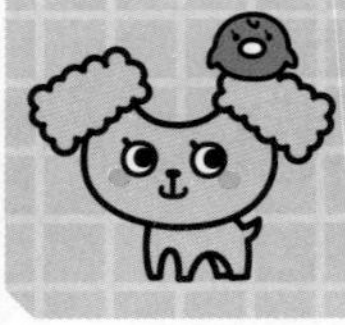

20 あまりのあるわり算②

★できた問題には、「た」をかこう！

でき 1　でき 2

1 次の計算をしましょう。

月　　日

① 14÷8　　② 60÷9

③ 28÷3　　④ 27÷8

⑤ 11÷2　　⑥ 34÷7

⑦ 22÷4　　⑧ 20÷3

⑨ 38÷5　　⑩ 16÷6

2 次の計算をしましょう。

月　　日

① 84÷9　　② 10÷4

③ 63÷8　　④ 40÷6

⑤ 31÷4　　⑥ 15÷2

⑦ 44÷5　　⑧ 26÷6

⑨ 52÷9　　⑩ 8÷3

21 あまりのあるわり算③

★ できた問題には、
「た」をかこう！

😊 でき 1 ○　😊 でき 2 ○

1 次の計算をしましょう。

月　　日

① 54÷7　　　　　② 8÷5

③ 17÷3　　　　　④ 24÷9

⑤ 20÷8　　　　　⑥ 27÷4

⑦ 13÷2　　　　　⑧ 45÷6

⑨ 36÷8　　　　　⑩ 25÷7

2 次の計算をしましょう。

月　　日

① 55÷8　　　　　② 15÷4

③ 67÷9　　　　　④ 25÷3

⑤ 50÷6　　　　　⑥ 29÷5

⑦ 60÷7　　　　　⑧ 5÷4

⑨ 17÷2　　　　　⑩ 18÷5

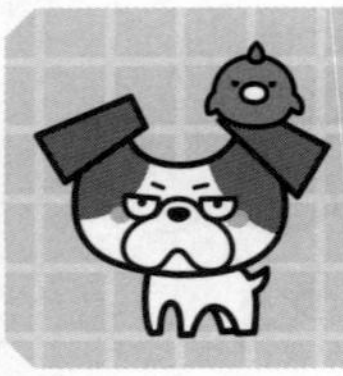

22 何十・何百のかけ算

★できた問題には、「た」をかこう！

できた 1　できた 2

1 次の計算をしましょう。

月　日

① 30×2　② 20×4

③ 80×8　④ 70×3

⑤ 20×7　⑥ 60×9

⑦ 90×4　⑧ 40×6

⑨ 50×6　⑩ 70×8

2 次の計算をしましょう。

月　日

① 100×4　② 300×3

③ 500×9　④ 800×3

⑤ 300×6　⑥ 700×5

⑦ 200×8　⑧ 900×7

⑨ 600×8　⑩ 400×5

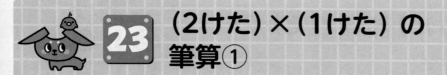

23 （2けた）×（1けた）の 筆算①

1 次の計算をしましょう。　　　　　　　月　　日

①　　１２
　　×　４

②　　４０
　　×　２

③　　１６
　　×　６

④　　１４
　　×　７

⑤　　８２
　　×　３

⑥　　９１
　　×　６

⑦　　７３
　　×　８

⑧　　４８
　　×　６

⑨　　１４
　　×　８

⑩　　２５
　　×　４

2 次の計算を筆算でしましょう。　　　　　月　　日

①　24×3

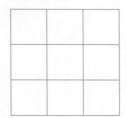

②　42×4

③　33×9

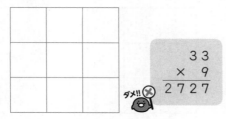

ダメ!!
```
   33
×   9
 2727
```

④　34×3

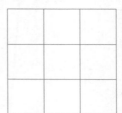

★ できた問題には、
「た」をかこう！

でき **1** 　　でき **2**

1 次の計算をしましょう。　　　　　　　　　　月　　　日

① 　　１１
　×　　７

② 　　３０
　×　　３

③ 　　２４
　×　　４

④ 　　１７
　×　　３

⑤ 　　５１
　×　　８

⑥ 　　４３
　×　　３

⑦ 　　６４
　×　　３

⑧ 　　３８
　×　　７

⑨ 　　１５
　×　　７

⑩ 　　６９
　×　　６

2 次の計算を筆算でしましょう。　　　　　　　　月　　　日

① １４×６

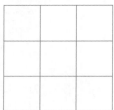

② ８１×７

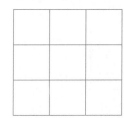

③ ２４×８

④ ８５×６

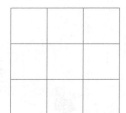

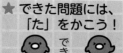
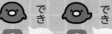

★ できた問題には、「た」をかこう！
でき **1**　でき **2**

1 次の計算をしましょう。　　　　　　　　　月　　日

① 　24
　×　2

② 　20
　×　4

③ 　15
　×　6

④ 　36
　×　2

⑤ 　72
　×　3

⑥ 　31
　×　5

⑦ 　44
　×　9

⑧ 　97
　×　8

⑨ 　39
　×　3

⑩ 　75
　×　4

2 次の計算を筆算でしましょう。　　　　　　月　　日

① 48×2

② 20×6

③ 23×8

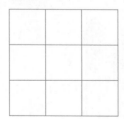

④ 38×9

26 （2けた）×（1けた）の 筆算④

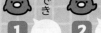

1 次の計算をしましょう。

月 日

①
$$\begin{array}{r} 41 \\ \times\ 2 \\ \hline \end{array}$$

②
$$\begin{array}{r} 20 \\ \times\ 3 \\ \hline \end{array}$$

③
$$\begin{array}{r} 15 \\ \times\ 3 \\ \hline \end{array}$$

④
$$\begin{array}{r} 28 \\ \times\ 2 \\ \hline \end{array}$$

⑤
$$\begin{array}{r} 83 \\ \times\ 2 \\ \hline \end{array}$$

⑥
$$\begin{array}{r} 91 \\ \times\ 5 \\ \hline \end{array}$$

⑦
$$\begin{array}{r} 95 \\ \times\ 5 \\ \hline \end{array}$$

⑧
$$\begin{array}{r} 47 \\ \times\ 6 \\ \hline \end{array}$$

⑨
$$\begin{array}{r} 68 \\ \times\ 3 \\ \hline \end{array}$$

⑩
$$\begin{array}{r} 38 \\ \times\ 6 \\ \hline \end{array}$$

2 次の計算を筆算でしましょう。

月 日

① 29×3

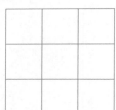

② 54×2

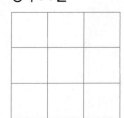

③ 55×9

④ 25×8

1 次の計算をしましょう。　　　　　　　　月　　日

① 　　143
　 　×　　2

② 　　233
　 　×　　3

③ 　　742
　 　×　　2

④ 　　612
　 　×　　4

⑤ 　　114
　 　×　　6

⑥ 　　947
　 　×　　2

⑦ 　　445
　 　×　　3

⑧ 　　286
　 　×　　9

⑨ 　　304
　 　×　　2

⑩ 　　490
　 　×　　5

2 次の計算を筆算でしましょう。　　　　　　月　　日

① 312×3

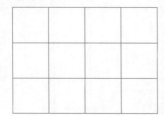

② 525×3

③ 491×6

④ 607×4

1 次の計算をしましょう。

月　　日

① 　　1 2 1
　×　　　4

② 　　3 2 1
　×　　　3

③ 　　8 2 3
　×　　　2

④ 　　5 1 3
　×　　　3

⑤ 　　2 1 8
　×　　　3

⑥ 　　7 2 4
　×　　　3

⑦ 　　2 9 6
　×　　　2

⑧ 　　2 5 6
　×　　　8

⑨ 　　5 0 9
　×　　　7

⑩ 　　5 2 0
　×　　　4

2 次の計算を筆算でしましょう。

月　　日

① 214×2

② 518×4

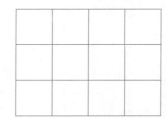

③ 561×5

④ 205×2

29 かけ算の暗算

1 次の計算をしましょう。　　　　　　　月　　日

① 11×5　　　　　② 21×4

③ 43×2　　　　　④ 32×3

⑤ 41×2　　　　　⑥ 13×3

⑦ 34×2　　　　　⑧ 31×2

⑨ 43×3　　　　　⑩ 52×3

2 次の計算をしましょう。　　　　　　　月　　日

① 26×2　　　　　② 17×3

③ 15×4　　　　　④ 49×2

⑤ 23×4　　　　　⑥ 28×3

⑦ 27×2　　　　　⑧ 12×8

⑨ 25×3　　　　　⑩ 19×4

30 小数のたし算・ひき算

★できた問題には、「た」をかこう！

できた 1　できた 2

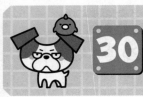

1 次の計算をしましょう。　　月　日

① 0.2＋0.3　　② 0.5＋0.4

③ 0.6＋0.4　　④ 0.2＋0.8

⑤ 0.7＋2.1　　⑥ 1＋0.3

⑦ 0.9＋0.2　　⑧ 0.8＋0.7

⑨ 0.6＋0.5　　⑩ 0.7＋0.6

2 次の計算をしましょう。　　月　日

① 0.4－0.3　　② 0.9－0.6

③ 1－0.1　　④ 1－0.7

⑤ 1.3－0.2　　⑥ 1.5－0.5

⑦ 1.1－0.3　　⑧ 1.4－0.5

⑨ 1.6－0.9　　⑩ 1.3－0.4

31 小数のたし算の筆算

できた問題には、
「た」をかこう!

1 でき 2 でき

1 次の計算をしましょう。

月　日

① 　1.2
　＋2.4

② 　3.3
　＋2.5

③ 　1.7
　＋1.9

④ 　2.8
　＋1.4

⑤ 　2.5
　＋6.8

⑥ 　4.2
　＋1.9

⑦ 　2.7
　＋3.6

⑧ 　6.6
　＋2.8

⑨ 　7.9
　＋6

⑩ 　7.1
　＋0.9

2 次の計算を筆算でしましょう。

月　日

① 1.3＋7.4

② 7.8＋2.9

③ 8＋4.1

ダメ!!

```
  8
+4.1
─────
 4.9
```

④ 5.6＋3.4

32 小数のひき算の筆算

1 次の計算をしましょう。

①　　3.5
　　−1.4

②　　7.9
　　−2.4

③　　5.2
　　−2.5

④　　6.6
　　−3.8

⑤　　9.5
　　−4.9

⑥　　3.4
　　−1.6

⑦　　11.7
　　−　9.8

⑧　　12.7
　　−　8.7

⑨　　5.1
　　−4.8

⑩　　3
　　−2.2

2 次の計算を筆算でしましょう。

①　7−1.5

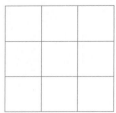

②　9.8−7

③　4.2−1.2

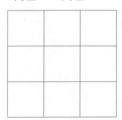

④　10.3−9.4

33 分数のたし算・ひき算

1 次の計算をしましょう。　　　　　　　　　　月　　　日

①　$\dfrac{1}{3} + \dfrac{1}{3}$

②　$\dfrac{1}{4} + \dfrac{1}{4}$

③　$\dfrac{2}{5} + \dfrac{1}{5}$

④　$\dfrac{1}{7} + \dfrac{3}{7}$

⑤　$\dfrac{3}{10} + \dfrac{6}{10}$

⑥　$\dfrac{1}{8} + \dfrac{2}{8}$

⑦　$\dfrac{3}{4} + \dfrac{1}{4}$

⑧　$\dfrac{4}{6} + \dfrac{2}{6}$

2 次の計算をしましょう。　　　　　　　　　　月　　　日

①　$\dfrac{2}{5} - \dfrac{1}{5}$

②　$\dfrac{3}{6} - \dfrac{1}{6}$

③　$\dfrac{3}{4} - \dfrac{2}{4}$

④　$\dfrac{7}{8} - \dfrac{4}{8}$

⑤　$\dfrac{8}{9} - \dfrac{5}{9}$

⑥　$\dfrac{5}{7} - \dfrac{2}{7}$

⑦　$1 - \dfrac{3}{8}$

⑧　$1 - \dfrac{7}{10}$

34 何十をかけるかけ算

1 次の計算をしましょう。

月　　日

① 2×40 　　　　② 3×30

③ 5×20 　　　　④ 8×60

⑤ 7×80 　　　　⑥ 6×50

⑦ 9×30 　　　　⑧ 4×70

⑨ 5×90 　　　　⑩ 8×30

2 次の計算をしましょう。

月　　日

① 11×80 　　　② 21×40

③ 23×30 　　　④ 13×30

⑤ 42×20 　　　⑥ 40×40

⑦ 30×70 　　　⑧ 20×60

⑨ 80×50 　　　⑩ 90×40

35 （2けた）×（2けた）の 筆算①

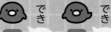

★ できた問題には、「た」をかこう！

1 次の計算をしましょう。

月　日

```
①    1 3        ②    1 5        ③    2 5        ④    3 2
   × 1 2           × 1 3           × 2 1           × 1 6
```

```
⑤    1 7        ⑥    3 8        ⑦    3 9        ⑧    9 5
   × 5 9           × 3 2           × 7 3           × 3 4
```

```
⑨    8 0        ⑩    4 2
   × 6 4           × 3 0
```

2 次の計算を筆算でしましょう。

月　日

① 91×26　　　② 47×39　　　③ 82×25

36 （2けた）×（2けた）の 筆算②

1 次の計算をしましょう。

月　　日

①　　2 2
　　×1 3

②　　1 7
　　×3 1

③　　2 4
　　×2 3

④　　2 1
　　×2 6

⑤　　9 3
　　×1 2

⑥　　8 3
　　×9 2

⑦　　4 7
　　×7 5

⑧　　8 6
　　×6 5

⑨　　9 0
　　×3 9

⑩　　1 6
　　×8 0

2 次の計算を筆算でしましょう。

月　　日

①　31×61

②　87×36

③　35×84

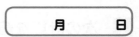

1 次の計算をしましょう。

月　日

① 　2 1
　×1 4

② 　1 4
　×1 3

③ 　1 7
　×5 2

④ 　2 5
　×1 5

⑤ 　7 4
　×1 6

⑥ 　3 9
　×7 6

⑦ 　8 9
　×4 5

⑧ 　4 8
　×9 5

⑨ 　5 0
　×7 7

⑩ 　9 2
　×6 0

2 次の計算を筆算でしましょう。

月　日

① 47×36

② 58×79

③ 25×46

38 （2けた）×（2けた）の 筆算④

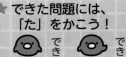
1 次の計算をしましょう。

月　　日

①　　12
　×14

②　　16
　×61

③　　25
　×31

④　　17
　×47

⑤　　24
　×46

⑥　　32
　×46

⑦　　69
　×98

⑧　　38
　×75

⑨　　70
　×29

⑩　　64
　×30

2 次の計算を筆算でしましょう。

月　　日

①　52×47

②　79×87

③　45×32

39 （3けた）×（2けた）の 筆算①

でき **1** ○　でき **2** ○

1 次の計算をしましょう。　　　　　　　　　月　　日

① 　　213
　　×　13

② 　　257
　　×　31

③ 　　328
　　×　37

④ 　　341
　　×　73

⑤ 　　198
　　×　65

⑥ 　　420
　　×　46

⑦ 　　672
　　×　40

⑧ 　　300
　　×　25

⑨ 　　608
　　×　59

⑩ 　　305
　　×　34

2 次の計算を筆算でしましょう。　　　　　　月　　日

① 234×68　　　② 725×44　　　③ 508×80

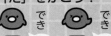
1 次の計算をしましょう。

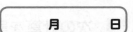
月　日

①
```
  431
×  23
```

②
```
  139
×  14
```

③
```
  416
×  82
```

④
```
  394
×  36
```

⑤
```
  963
×  25
```

⑥
```
  720
×  23
```

⑦
```
  452
×  60
```

⑧
```
  500
×  32
```

⑨
```
  309
×  66
```

⑩
```
  703
×  83
```

2 次の計算を筆算でしましょう。

月　日

① 517×99　　② 382×45　　③ 108×90

答え

1　10や0のかけ算

1　①20　②80　　**2**　①0　②0
③30　④60　　③0　④0
⑤10　⑥70　　⑤0　⑥0
⑦40　⑧90　　⑦0　⑧0
⑨50　⑩100　　⑨0　⑩0

2　わり算①

1　①4　②3　　**2**　①1　②4
③0　④5　　③9　④9
⑤2　⑥9　　⑤3　⑥9
⑦8　⑧6　　⑦5　⑧0
⑨7　⑩8　　⑨8　⑩2

3　わり算②

1　①3　②7　　**2**　①2　②6
③5　④6　　③9　④7
⑤2　⑥0　　⑤4　⑥1
⑦8　⑧8　　⑦7　⑧6
⑨9　⑩4　　⑨8　⑩2

4　わり算③

1　①7　②5　　**2**　①1　②5
③7　④9　　③3　④8
⑤4　⑥6　　⑤2　⑥2
⑦7　⑧4　　⑦4　⑧0
⑨9　⑩8　　⑨7　⑩5

5　わり算④

1　①6　②7　　**2**　①4　②8
③3　④5　　③2　④9
⑤2　⑥8　　⑤9　⑥9
⑦4　⑧4　　⑦6　⑧3
⑨0　⑩9　　⑨8　⑩1

6　大きい数のわり算

1　①10　　②10
③10　　④10
⑤10　　⑥20
⑦30　　⑧20
⑨30　　⑩20

2　①14　②22
③13　④13
⑤12　⑥43
⑦21　⑧21
⑨11　⑩23

7　たし算の筆算①

1　①959　②880　③851　④747
⑤623　⑥912　⑦852　⑧1370
⑨1540　⑩1003

2　①
	5	7	9
+	3	2	1
	9	0	0

②
	3	6	5
+		4	7
	4	1	2

③
	4	7	8
+	9	6	5
1	4	4	3

④
		3	5
+	9	7	8
1	0	1	3

8　たし算の筆算②

1　①686　②997　③914　④844
⑤831　⑥710　⑦721　⑧1563
⑨1334　⑩1025

2　①
	4	2	9
+	4	7	3
	9	0	2

②
	4	8	9
+	8	8	6
1	3	7	5

③
	2	1	2
+	7	8	8
1	0	0	0

④
	9	4	2
+		6	9
1	0	1	1

9　たし算の筆算③

1　①592　②971　③979　④244
⑤582　⑥772　⑦403　⑧1710
⑨1304　⑩1004

2　①
	6	9	5
+			6
	7	0	1

②
	8	9	7
+	3	9	4
1	2	9	1

③
	9	4	7
+		8	9
1	0	3	6

④
		9	7
+	9	0	6
1	0	0	3

10　たし算の筆算④

1 ①791　②612　③452　④849
⑤817　⑥714　⑦813　⑧1651
⑨1813　⑩1065

2
①
```
    2 5
+ 7 7 6
  8 0 1
```
②
```
  5 7 9
+ 8 9 2
1 4 7 1
```
③
```
  6 5 7
+ 5 4 5
1 2 0 2
```
④
```
  9 9 2
+     9
1 0 0 1
```

11　ひき算の筆算①

1 ①121　②249　③648　④226
⑤191　⑥457　⑦61　⑧244
⑨118　⑩23

2
①
```
  4 4 0
- 2 7 9
  1 6 1
```
②
```
  2 1 2
-   4 6
  1 6 6
```
③
```
  7 0 8
-   1 9
  6 8 9
```
④
```
  9 0 0
- 4 1 4
  4 8 6
```

12　ひき算の筆算②

1 ①130　②105　③112　④59
⑤172　⑥570　⑦156　⑧589
⑨347　⑩104

2
①
```
  3 3 1
- 2 3 7
    9 4
```
②
```
  8 0 3
- 6 0 8
  1 9 5
```
③
```
  7 0 0
-     5
  6 9 5
```
④
```
1 0 0 0
-   7 3 8
    2 6 2
```

13　ひき算の筆算③

1 ①501　②656　③423　④739
⑤431　⑥180　⑦61　⑧155
⑨566　⑩714

2
①
```
  8 9 5
- 6 9 9
  1 9 6
```
②
```
  5 0 2
- 4 9 3
      9
```

14　ひき算の筆算④

1 ①372　②129　③128　④27
⑤585　⑥190　⑦62　⑧629
⑨788　⑩561

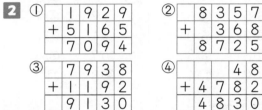

2
①
```
  9 2 0
- 7 2 2
  1 9 8
```
②
```
  8 0 6
- 7 1 9
    8 7
```
③
```
  8 0 0
- 7 1 1
    8 9
```
④
```
  7 0 0
-   6 9
  6 3 1
```

15　4けたの数のたし算の筆算

1 ①8624　②5948　③6364
④8794　⑤8807　⑥7829
⑦6273　⑧6906　⑨9132

2
①
```
  1 9 2 9
+ 5 1 6 5
  7 0 9 4
```
②
```
  8 3 5 7
+   3 6 8
  8 7 2 5
```
③
```
  7 9 3 8
+ 1 1 9 2
  9 1 3 0
```
④
```
      4 8
+ 4 7 8 2
  4 8 3 0
```

16　4けたの数のひき算の筆算

1 ①3213　②21　③5028
④924　⑤598　⑥8992
⑦3288　⑧2793　⑨6167

2
①
```
  4 0 3 7
- 1 6 3 5
  2 4 0 2
```
②
```
  8 1 8 3
- 3 5 0 5
  4 6 7 8
```
③
```
  5 5 0 1
- 2 8 6 2
  2 6 3 9
```
④
```
  8 0 0 7
-     5 8
  7 9 4 9
```

17　たし算の暗算

1 ①44　②79
③59　④88
⑤88　⑥83
⑦80　⑧60
⑨70　⑩60

2 ①46　②92
③93　④85
⑤81　⑥61
⑦87　⑧74
⑨107　⑩126

18 ひき算の暗算

1 ①21 ②13 ③27 ④21 ⑤44 ⑥39 ⑦20 ⑧50 ⑨36 ⑩25

2 ①38 ②37 ③59 ④38 ⑤13 ⑥17 ⑦28 ⑧78 ⑨44 ⑩27

19 あまりのあるわり算①

1
①3あまり1 ②2あまり2
③7あまり2 ④5あまり6
⑤8あまり5 ⑥3あまり4
⑦5あまり5 ⑧4あまり1
⑨9あまり1 ⑩5あまり5

2
①3あまり2 ②2あまり5
③8あまり3 ④9あまり4
⑤9あまり4 ⑥4あまり1
⑦4あまり3 ⑧1あまり7
⑨6あまり3 ⑩8あまり7

20 あまりのあるわり算②

1
①1あまり6 ②6あまり6
③9あまり1 ④3あまり3
⑤5あまり1 ⑥4あまり6
⑦5あまり2 ⑧6あまり2
⑨7あまり3 ⑩2あまり4

2
①9あまり3 ②2あまり2
③7あまり7 ④6あまり4
⑤7あまり3 ⑥7あまり1
⑦8あまり4 ⑧4あまり2
⑨5あまり7 ⑩2あまり2

21 あまりのあるわり算③

1
①7あまり5 ②1あまり3
③5あまり2 ④2あまり6
⑤2あまり4 ⑥6あまり3
⑦6あまり1 ⑧7あまり3
⑨4あまり4 ⑩3あまり4

2
①6あまり7 ②3あまり3
③7あまり4 ④8あまり1
⑤8あまり2 ⑥5あまり4
⑦8あまり4 ⑧1あまり1
⑨8あまり1 ⑩3あまり3

22 何十・何百のかけ算

1 ①60 ②80 ③640 ④210 ⑤140 ⑥540 ⑦360 ⑧240 ⑨300 ⑩560

2 ①400 ②900 ③4500 ④2400 ⑤1800 ⑥3500 ⑦1600 ⑧6300 ⑨4800 ⑩2000

23 （2けた）×（1けた）の筆算①

1 ①48 ②80 ③96 ④98 ⑤246 ⑥546 ⑦584 ⑧288 ⑨112 ⑩100

2

① 24 × 3 = 72 ② 42 × 4 = 168 ③ 33 × 9 = 297 ④ 34 × 3 = 102

24 （2けた）×（1けた）の筆算②

1 ①77 ②90 ③96 ④51 ⑤408 ⑥129 ⑦192 ⑧266 ⑨105 ⑩414

2
① 14 × 6 = 84 ② 81 × 7 = 567 ③ 24 × 8 = 192 ④ 85 × 6 = 510

25 （2けた）×（1けた）の筆算③

1 ①48 ②80 ③90 ④72 ⑤216 ⑥155 ⑦396 ⑧776 ⑨117 ⑩300

2
① 48 × 2 = 96 ② 20 × 6 = 120 ③ 23 × 8 = 184 ④ 38 × 9 = 342

26 （2けた）×（1けた）の筆算④

1 ①82　②60　③45　④56
⑤166　⑥455　⑦475　⑧282
⑨204　⑩228

2
①
```
    2 9
×     3
    8 7
```
②
```
    5 4
×     2
  1 0 8
```
③
```
    5 5
×     9
  4 9 5
```
④
```
    2 5
×     8
  2 0 0
```

27 （3けた）×（1けた）の筆算①

1 ①286　②699　③1484　④2448
⑤684　⑥1894　⑦1335　⑧2574
⑨608　⑩2450

2
①
```
  3 1 2
×     3
  9 3 6
```
②
```
  5 2 5
×     3
1 5 7 5
```
③
```
  4 9 1
×     6
2 9 4 6
```
④
```
  6 0 7
×     4
2 4 2 8
```

28 （3けた）×（1けた）の筆算②

1 ①484　②963　③1646　④1539
⑤654　⑥2172　⑦592　⑧2048
⑨3563　⑩2080

2
①
```
  2 1 4
×     2
  4 2 8
```
②
```
  5 1 8
×     4
2 0 7 2
```
③
```
  5 6 1
×     5
2 8 0 5
```
④
```
  2 0 5
×     2
  4 1 0
```

29 かけ算の暗算

1 ①55　②84
③86　④96
⑤82　⑥39
⑦68　⑧62
⑨129　⑩156

2 ①52　②51
③60　④98
⑤92　⑥84
⑦54　⑧96
⑨75　⑩76

30 小数のたし算・ひき算

1 ①0.5　②0.9
③1　④1
⑤2.8　⑥1.3
⑦1.1　⑧1.5
⑨1.1　⑩1.3

2 ①0.1　②0.3
③0.9　④0.3
⑤1.1　⑥1
⑦0.8　⑧0.9
⑨0.7　⑩0.9

31 小数のたし算の筆算

1 ①3.6　②5.8　③3.6　④4.2
⑤9.3　⑥6.1　⑦6.3　⑧9.4
⑨13.9　⑩8

2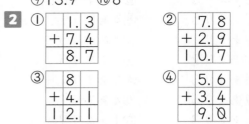
①
```
  1.3
+ 7.4
  8.7
```
②
```
  7.8
+ 2.9
1 0.7
```
③
```
  8
+ 4.1
1 2.1
```
④
```
  5.6
+ 3.4
  9.0
```

32 小数のひき算の筆算

1 ①2.1　②5.5　③2.7　④2.8
⑤4.6　⑥1.8　⑦1.9　⑧4
⑨0.3　⑩0.8

2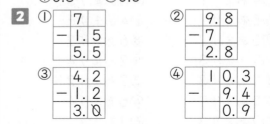
①
```
  7
- 1.5
  5.5
```
②
```
  9.8
- 7
  2.8
```
③
```
  4.2
- 1.2
  3.0
```
④
```
1 0.3
-   9.4
    0.9
```

33 分数のたし算・ひき算

1 ①$\frac{2}{3}$　　②$\frac{2}{4}$

③$\frac{3}{5}$　　④$\frac{4}{7}$

⑤$\frac{9}{10}$　　⑥$\frac{3}{8}$

⑦$1\left(\frac{4}{4}\right)$　　⑧$1\left(\frac{6}{6}\right)$

2 ①$\dfrac{1}{5}$ ②$\dfrac{2}{6}$ ③$\dfrac{1}{4}$ ④$\dfrac{3}{8}$ ⑤$\dfrac{3}{9}$ ⑥$\dfrac{3}{7}$ ⑦$\dfrac{5}{8}$ ⑧$\dfrac{3}{10}$

34 何十をかけるかけ算

1 ①80 ②90 ③100 ④480 ⑤560 ⑥300 ⑦270 ⑧280 ⑨450 ⑩240

2 ①880 ②840 ③690 ④390 ⑤840 ⑥1600 ⑦2100 ⑧1200 ⑨4000 ⑩3600

35 (2けた)×(2けた) の筆算①

1 ①156 ②195 ③525 ④512 ⑤1003 ⑥1216 ⑦2847 ⑧3230 ⑨5120 ⑩1260

2

①	②	③
91	47	82
×26	×39	×25
546	423	410
182	141	164
2366	1833	2050

36 (2けた)×(2けた) の筆算②

1 ①286 ②527 ③552 ④546 ⑤1116 ⑥7636 ⑦3525 ⑧5590 ⑨3510 ⑩1280

2

①	②	③
31	87	35
×61	×36	×84
31	522	140
186	261	280
1891	3132	2940

37 (2けた)×(2けた) の筆算③

1 ①294 ②182 ③884 ④375 ⑤1184 ⑥2964 ⑦4005 ⑧4560 ⑨3850 ⑩5520

2

①	②	③
47	58	25
×36	×79	×46
282	522	150
141	406	100
1692	4582	1150

38 (2けた)×(2けた) の筆算④

1 ①168 ②976 ③775 ④799 ⑤1104 ⑥1472 ⑦6762 ⑧2850 ⑨2030 ⑩1920

2

①	②	③
52	79	45
×47	×87	×32
364	553	90
208	632	135
2444	6873	1440

39 (3けた)×(2けた) の筆算①

1 ①2769 ②7967 ③12136 ④24893 ⑤12870 ⑥19320 ⑦26880 ⑧7500 ⑨35872 ⑩10370

2

①	②	③
234	725	508
× 68	× 44	× 80
1872	2900	40640
1404	2900	
15912	31900	

40 (3けた)×(2けた) の筆算②

1 ①9913 ②1946 ③34112 ④14184 ⑤24075 ⑥16560 ⑦27120 ⑧16000 ⑨20394 ⑩58349

2

①	②	③
517	382	108
× 99	× 45	× 90
4653	1910	9720
4653	1528	
51183	17190	